模具检测技术

主　编　孙　传
副主编　刘力行　俞文斌　黄　岗

ZHEJIANG UNIVERSITY PRESS
浙江大学出版社
·杭州·

图书在版编目（CIP）数据

模具检测技术 / 孙传主编. —杭州：浙江大学出版社，
2015.6（2024.7 重版）
ISBN 978-7-308-14690-6

Ⅰ.①模… Ⅱ.①孙… Ⅲ.①模具—检测—中等专业
学校—教材 Ⅳ.①TG76

中国版本图书馆 CIP 数据核字（2015）第 097328 号

内容简介

本书采用项目式教学模式，全面地介绍了模具检测基础、测量器具及其使用、坐标测量技术知识及坐标测量仪的使用。全书共 5 个项目，包括：模具精度检测准备，模具零件尺寸精度的检测、零件几何精度的检测、模具零件表面精度检测、模具零件三坐标检测。本书并不局限于概念的讲解，通过融合检测实例与实训，着重介绍模具检测基本思路培养，并注意事项的剖析和操作技巧的指点，以帮助读者切实掌握模具检测的方法和技巧。

本教材可作为中职学校、技工院校模具检测技术课程的教材，也可作为相关工程技术人员的参考用书。

模具检测技术

主　编　孙　传
副主编　刘力行　俞文斌　黄　岗

责任编辑　杜希武
封面设计　刘依群
出版发行　浙江大学出版社
　　　　　　（杭州市天目山路 148 号　邮政编码 310007）
　　　　　　（网址：http://www.zjupress.com）
排　　版　杭州好友排版工作室
印　　刷　广东虎彩云印刷有限公司绍兴分公司
开　　本　787mm×1092mm　1/16
印　　张　11.25
字　　数　280 千
版 印 次　2015 年 6 月第 1 版　2024 年 7 月第 2 次印刷
书　　号　ISBN 978-7-308-14690-6
定　　价　29.00 元

前　　言

测量技术对产品质量提供保障，是生产中不可或缺的重要环节，是机械工业发展的基础和先决条件之一，这已被生产发展的历史所证明。从生产发展的历史来看，加工精度的提高总是与精密测量技术的发展水平相关的。

模具现在已经是工业生产的基础工艺装备，是衡量一个国家工业化水平和创新能力的重要标志之一。随着中国经济的高速发展，航空、航天、电子、机械、船舶和汽车等产业对模具工业提出了越来越高的要求。相应地，模具工业对模具检测技术也提出了更高的要求，模具检测技术已经成为模具制造工程师最常用的、必备的基本技能。为适应社会的需求，中职学校、技工院校模具专业普遍开设《模具检测技术》课程，其课程教学目的是使学生了解公差基础知识、掌握模具产品的检测项目和方法，旨在培养学生的综合设计能力。

为更好地满足中职学校、技工院校"模具检测技术"课程教学的需要，我们按教学大纲要求，结合多年教学实践经验，参考一些其他院校的经验，并针对社会对模具人才的要求以及我校学生的特点，编写了本书。

本书是基于项目化教学模式编写的。本着实用的原则，结合实际生产加工检测及教学需求，系统地、全面地介绍了模具检测技术的基本知识、原理、方法、仪器操作、数据处理方式及相关技巧等内容，又增加了三坐标测量等现代测量技术。书中以真实的模具零件检测为项目载体，与工业技术发展同步，且内容通俗易懂，方便教学。本书适用于中职学校、技工院校模具制造技术课程的教材，也可供有关工程技术人员参考。

本书由孙传、刘力行、俞文斌、黄岗、刘春龙、应神通、董海泉、黄凯等编写，其中孙传为本书主编，刘力行、俞文斌、黄岗为副主编。限于编写时间和编者的水平，书中必然会存在需要进一步改进和提高的地方。我们十分期望读者及专业人士提出宝贵意见与建议，以便今后不断加以完善。我们的联系方式：sunchuan1@tom.com。

我们谨向所有为本书提供大力支持的有关学校、企业和领导，以及在组织、撰写、研讨、修改、审定、打印、校对等工作中做出奉献的同志表示由衷的感谢。

最后，感谢浙江大学出版社为本书的出版所提供的机遇和帮助。

作　者

2014 年 6 月

目　　录

第 1 章　模具精度检测的准备

【项目导读】

模具生产的工艺水平及科技含量的高低,已成为衡量一个国家科技与产品制造水平的重要标志,模具精度检测是模具质量的技术保证。模具精度检测技术是从事模具设计与制造的技术人员必须具备的知识和能力。本项目学习要求了解有关互换性、标准化、优先数、产品几何量技术规范等概念及其在设计、制造、使用和维修等方面的重要作用。

任务 1　模具精度检测基础入门

【任务目标】

1. 了解互换性、标准化的概念及其重要意义。
2. 了解互换性与公差、检测之间的关系。
3. 了解测量基准、测量量值传递等基本概念。
4. 掌握测量方法选用、测量误差的处理。

【相关知识】

1.1.1　互换性

现代化的机械制造常采用专业化协作组织生产的方法,即用分散制造,集中装配的方法,既能为企业提高生产效率,又能保证产品质量和降低成本。

例如:生产一副大型、复杂的模具。众所周知,模具是由大量的通用标准件和专用零件(型芯、型腔)组成,对于这些通用标准件可以采购不同厂家生产制造的标准件。这样,模具制造商就只需生产关键的专用零件(型芯、型腔),即可以大大减少生产成本,又可以缩短生产周期,及时满足市场需求。随之而来的疑问,标准件厂家生产的零件与专用零件,是如何解决装配问题的?

互换性是指机械产品中同一规格的一批零件(或部件),任取其中一件,不需作任何挑选、调整或辅助加工(如钳工修理)就能进行装配,必能保证满足机械产品的使用性能要求的一种特性。

机械加工制造中,遵循互换性原则,不仅能显著提高劳动生产率,而且能有效保证产品质量和降低成本。所以,互换性是机械和仪器制造中的重要生产原则与有效技术措施。

互换性对现代化机械制造业具有非常重要的意义。对于互换性在机械制造中发挥的重要作用,包括以下几个方面:

从使用方面看,如人们经常使用的自行车和手表的零件,生产中使用的各种设备的零件等,当它们损坏以后,修理人员很快就可以用同样规格的零件换上,恢复自行车、手表和设备的功能。而在某些情况下,互换性所起的作用还很难用价值来衡量。例如在战场上,要立即排除武器装备的故障,继续战斗,这时做主零、部件的互换性是绝对必要的。

从制造方面来看,互换性是提高生产水平和进行文明生产的有力手段。装配时,不需辅助加工和修配,故能减轻装配工人的劳动强度,缩短装配周期,并且可使装配工人按流水作业方式进行工作,以致进行自动装配,从而大大提高装配效率。加工时,由于规定有公差,同一部机器上的各种零件可以同时加工。用量大的标准件还可以由专门标准件工厂单独生产,这样就可以采用高效率的专用设备。零件的产量和质量必然会得到提高,成本也会显著降低。

从设计方面看,由于采用互换原则设计和生产标准零件、部件,可以简化绘图、计算等工作,缩短设计周期,并便于用计算机辅助设计。

互换性的分类众多,按照使用场合分为内互换和外互换,按照互换程度分为完全互换性和不完全互换性及不互换,按照互换目的分为装配互换和功能互换(见图1-1)。

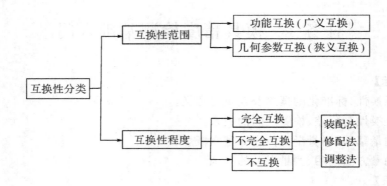

图 1-1 互换性分类

(1)按照使用场合

内互换:标准部件内部各零件间的互换性称为内互换。

外互换:标准部件与其相配件间的互换性称为外互换。

例如:滚动轴承,其外环外径与机座孔、内环内径与轴颈的配合为外互换;外环、内环滚道直径与滚动体间的配合为内互换。

(2)按照互换程度分

完全互换性:零部件在装配时不需选配或辅助加工即可装成具有规定功能的机器的称为完全互换;

不完全互换性:零部件在装配时需要选配(但不能进一步加工)才能装成具有规定功能的机器的称为不完全互换。

提出不完全互换式为了降低零件制造成本。在机械装配时,当机器装配精度要求很高时,如采用完全互换会使零件公差太小,造成加工困难,成本很高。这时应采用不完全互换,将零件的制造公差放大,并利用选择装配的方法将配件按尺寸大小分为若干组,然后按组相配,即大孔和大轴相配,小孔和小轴相配。同组内的各零件能实现完全互换,组际间则不能互换。为了制造方便和降低成本,内互换零件应采用不完全互换。但是为了使用方便,外互换零件应实现完全互换。

不互换：当零件装配时需要加工才能装配完成规定功能的零件成为不互换。一般高精密零件需要相互配合的两个零件配作。

对于标准部件来说，标准部件与其相配件间的互换性称为外互换，标准部件内部各零件间的互换性称为内互换。例如滚动轴承，其外环外径与机座孔、内环内径与轴颈的配合为外互换，外环、内环滚道直径与滚动体间的配合为内互换。互换性按互换程度又可分为完全互换和不完全(或有限)互换。

（3）按互换目的分类

装配互换性：规定几何参数公差达到装配要求的互换称为装配互换。

功能互换性：既规定几何参数公差，又规定机械物理性能参数公差达到使用要求的互换称为功能互换。

上述的外互换和内互换、完全互换和不完全互换皆属装配互换。装配互换目的在于保证产品精度，功能互换目的在于保证产品质量。

现代化的生产是专业化、协作化组织，必须面临保证互换性的问题。事实上，任何一种加工都不可能把零件制造得绝对精确。零件在加工过程中，由于工艺系统(零件、机床、刀具、夹具等)误差和其他因素的影响，使得加工完成后的零件，总是存在不同程度几何参数误差。几何参数误差对零件的使用性能和互换性会有一定影响。实践证明，生产时只需将产品按相互的公差配合原则组织生产的，遵循了国家公差标准，将零件加工后各几何参数(尺寸、形状、位置)所产生的误差控制在一定的范围内，就可以保证零件的使用功能，实现零件互换性。

（1）几何参数

零件的几何参数误差分为尺寸误差、形状误差、位置误差和表面粗糙度。

尺寸误差：指零件加工后的实际尺寸相对于理想尺寸之差，如直径误差、孔径误差、长度误差等。

几何形状误差(宏观几何形状误差)：指零件加工后的实际表面形状相对于理想形状的差值，如孔、轴横截面的理想形状是正圆形，加工后实际形状为椭圆形等。

相互位置误差：指零件加工后的表面、轴线或对称平面之间的实际相互位置相对于理想位置的差值，如两个表面之间的垂直度、阶梯轴的同轴度等。

表面粗糙度(微观几何形状误差)：指零件加工后的表面上留下的较小间距和微小峰谷所形成的不平度。

（2）公差

公差是零件在设计时规定尺寸变动范围，在加工时只要控制零件的误差在公差范围内，就能保证零件具有互换性。因此，建立各种几何参数的公差标准是实现对零件误差的控制和保证互换性的基础。

（3）技术检测

实际生产中，判断加工后的零件是否符合设计要求，必须通过技术检测实现对产品尺寸、性能的检验或测量，从而判断产品是否合格。

技术检测不仅能评定零件合格与否，而且能分析不合格的原因，指导我们及时调整工艺过程，监督生产，预防废品产生。

事实证明,产品质量的提高,除设计和加工精度的提高外,往往更依赖于技术测量方法和措施的改进及检测精度的提高。

因此可以说,公差标准是实现互换性的应用基础,技术检测是实现互换性的技术保证。合理确定公差与正确进行检测,是保证产品质量、实现互换性生产的两个必不可少的条件。

1.1.2 标准化与优先数系

1. 标准化

在制造领域中,标准化是广泛实现互换性生产的前提与重要方法。标准是以生产实践、科学试验和可靠经验的综合成果为基础,对各生产、建设及流通等领域重复性事物和概念统一制定、发布和实施的准则,是各方面共同遵守的技术法规,在一定的范围内获得最佳秩序和社会效益的活动。

标准代表着经济技术的发展水平和先进的生产方式,既是科学技术的结晶、组织互换性生产的重要手段,也是实行科学管理的基础。

标准的范围广泛,种类繁多,涉及生产、生活的方方面面。标准按照适用领域、有效作用范围可分为基础标准、产品标准、方法标准、安全标准、卫生标准、环境保护标准等。按照颁布的权利级别可分为国际标准,如 ISO(国际标准化组织)、IEC(国际电工委员会);区域标准,如 EN(欧盟);国家标准,如 GB(中国)、SNV(瑞士)、JIS(日本)等标准;行业标准,如我国的 JB(原机械部)、YB(原冶金部)等标准;地方标准 DB 和企业标准 QB。

标准即技术上的法规、标准经主管部门颁布生效后,具有一定的法制性,不得擅自修改或拒不执行。

各标准中的基础标准则是生产技术活动中最基本的,具有广泛指导意义的标准。这类标准具有最一般的共性,因而是通用性最广的标准。例如,极限与配合标准、几何公差标准、表面粗糙度标准等。

标准化是指为一定的范围内获得最佳的秩序,对实际的或潜在的问题制定共同的和重复使用的规则的活动。

标准化是以标准的形式体现的,也是一个不断循环、不断提高的过程。可以说,标准化水平的高低体现了一个国家现代化的程度。

在现代化生产中,标准化是一项重要的技术措施,因为一种机械产品的制造过程往往涉及许多部门和企业,甚至还要进行国际协作。为了适应生产上各部门与企业在技术上相互协调的要求,必须有一个共同的技术标准。公差的标准化有利于机器的设计、制造、使用和维修,有利于保证产品的互换性和质量,有利于刀具、量具、夹具、机床等工艺装备的标准化。

随着经济建设和科学技术的发展,国际贸易的扩大,标准化的作用和重要性越来越受到各个国家特别是工业发达国家的高度重视。总之,标准化在实现经济全球化、信息社会化方面有其深远的意义。

2. 优先数系

机械产品总有自己一系列技术参数,在设计中常会遇到数据的选取问题,几何量公差最终也是数据的选取问题,如:产品分类、分级的系列参数的规定,公差数值的规定等。对各种技术参数值协调、简化和统一是标准化的重要内容。为了使各种参数值协调、简化和统一,前辈们在生产实践中总结出一套科学合理的统一数值标准,就是优先数字系列,简称优先数字系;优先数系中的任一个数值都为优先数。优先数和优先数系标准是重要的基础标准。

国家标准 GB/T321-2005《优先数和优先数系》给出了制定标准的数值制度,也是国际上通用的科学数值制度。

　　优先数系公比为 $\sqrt[5]{10}$、$\sqrt[10]{10}$、$\sqrt[20]{10}$、$\sqrt[40]{10}$、$\sqrt[80]{10}$ 分别用 R5、R10、R20、R40、R80 表示,其优先数系的,其中前 4 个为基本系列,R5 是为了满足分级更稀的需要而推荐的,其他 4 个都含有倍数系列,R80 为补充系列,仅用于分级很细的特殊场合。

$$R5 \text{ 系列公比为} \qquad q_5 = \sqrt[5]{10} \approx 1.60$$
$$R10 \text{ 系列公比为} \qquad q_{10} = \sqrt[10]{10} \approx 1.25$$
$$R20 \text{ 系列公比为} \qquad q_{20} = \sqrt[20]{10} \approx 1.12$$
$$R40 \text{ 系列公比为} \qquad q_{40} = \sqrt[40]{10} \approx 1.06$$
$$R80 \text{ 系列公比为} \qquad q_{80} = \sqrt[80]{10} \approx 1.03$$

　　表 1-1 中列出了 1～10 范围内基本系列的常用值和计算值。可将表中所列优先数乘以 10,100,…,或乘以 0.1,0.01,…,即可得到所需的优先数,例如 R5 系列从 10 开始取数,依次为 10,16,25,40,…

表 1-1　优先数系的基本系列(摘自 GB/T321-2005)

基本系列(常用值)				计算值
R5	R10	R20	R40	
			1.00	1.0000
			1.06	1.0593
		1.00	1.12	1.1220
		1.12	1.18	1.1885
1.00	1.00	1.25	1.25	1.2589
	1.25	1.40	1.32	1.3335
			1.40	1.4125
			1.50	1.4962
			1.60	1.5849
			1.70	1.6788
		1.60	1.80	1.7783
		1.80	1.90	1.8836
1.60	1.60	2.00	2.00	1.9953
	2.00	2.24	2.12	2.1135
			2.24	2.2387
			2.36	2.3714

续表 1-1

基本系列（常用值）				计算值
R5	R10	R20	R40	
			2.50	2.5119
			2.65	2.6607
		2.50	2.80	2.8184
2.50	2.50	2.80	3.00	2.9854
	3.15	3.15	3.15	3.1623
		3.55	3.35	3.3497
			3.55	3.5481
			3.75	3.7581
			4.00	3.9811
			4.25	4.2170
		4.00	4.50	4.4668
4.00	4.00	4.50	4.75	4.7315
	5.00	5.00	5.00	5.0119
		5.60	5.30	5.3088
			5.60	5.6234
			6.00	5.9566
			6.30	6.3096
			6.70	6.6834
		6.30	7.10	7.0795
6.30	6.30	7.10	7.50	7.4980
	8.00	8.00	8.00	7.9433
		9.00	8.50	8.4140
			9.00	8.9125
			9.50	9.4405
10.00	10.00	10.00	10.00	10.0000

优先数系中的所有数都为优先数，即都为符合 R5、R10、R20、R40 和 R80 系列的圆整值。在生产中，为满足用户各种需要，同一种产品的同一参数从大到小取不同的值，从而形成不同规格的产品系列。公差数值的标准化，也是以优先数系来选数值。

优先数系的主要优点是分档协调，疏密均匀，便于计算，简单易记，且在同一系列中，优先数的积、商、乘方仍为优先数。因此，优先数系广泛适用于各种尺寸、参数的系列化和质量指标的分级。

1.1.3　技术检测基础

1. 技术检测概念

为满足机械产品的功能要求，在正确合理地完成了强度、运动、寿命和精度等方面的设计以后，还必须进行加工、装配和检测过程的设计，即确定加工方法、加工设备、工艺参数、生

产流程和检测方法。其中,非常重要的环节就是质量保证措施,而质量保证的手段就是检测。技术检测是实现互换性的技术保证。

可以这么说,机械制造业的发展以检测技术发展为基础,检测技术的发展促进了现代制造技术的进步。检测在机械制造业占有极其重要的地位。

机械制造中,保证机械零件的几何精度及互换性,需要对其进行检测,以对其进行定量或定性的分析,从而判断其是否符合设计要求,通常有以下几种判断方式。

(1)测量

测量是指以确定被测对象的几何量值为目的进行的实验过程,在这过程中,实质是将被测几何量与计量单位的标准量进行比较,从而获得两者比值 q 的过程,为:

$$q = \frac{L}{E}$$

被测几何量的量值 L 为测量所得的量值与计量单位的乘积,即:

$$L = q \times E$$

显然,进行任何测量,首先要明确被测对象和确定计量单位,其次要有与被测对象相适应的测量方法,并且测量结果还要达到所要求的测量精度。

(2)测试

测试是指具有试验研究性质的测量,也就是试验和测量结合。

(3)检验

检验是判断被测对象是否合格的过程。通常不需要测出被测对象的具体数值,常使用量规、样板等专用定值无刻度量具来判断被检对象的合格性。

测量是各种公差与配合标准贯彻实施的重要手段。为了实现测量的目的,必须使用统一的标准量,有明确的测量对象和确定的计量单位,还要采用一定的测量办法和运用适当的测量工具,而且测量结果要达到一定的测量精度。

因此,一个完整的测量过程应包括被测对象、测量单位、测量方法和测量精度四个要素:

(1)测量对象

课程中涉及的测量对象是几何量,包括长度、角度、形状、相对位置、表面粗糙度、形状和位置误差等。由于几何量的特点是种类繁多,形状又各式各样,因此对于他们的特性,被测参数的定义,以及标准等都必须加以研究和熟悉,以便进行测量。

(2)测量单位

我国国务院于 1977 年 5 月 27 日颁发的《中华人民共和国计量管理条例(试行)》第三条规定中重申:"我国的基本计量制度是米制(即公制),逐步采用国际单位制。"1984 年 2 月 27 日正式公布《中华人民共和国法定计量单位》,确定米制为我国的基本计量制度。长度的计量单位为米(m),角度单位为弧度(rad)和度(°)、分(′)、秒(″)。

机械制造中,常用的长度单位为毫米(mm)和微米(μm),$1\mu m = 10^{-3} mm = 10^{-6} m$。

(3)测量方法

测量方法是指在进行测量时所用的按类叙述的一组操作逻辑次序。对几何量的测量而言,则是根据被测参数的特点,如公差值、大小、轻重、材质、数量等,并分析研究该参数与其他参数的关系,最后确定对该参数如何进行测量的操作方法。

（4）测量精确度

测量精确度指测量结果与真值的一致程度。由于任何测量过程总不可避免地会出现测量误差，误差大说明测量结果离真值远，准确度低。因此，准确度和误差是两个相对的概念。由于存在测量误差，任何测量结果都是以一近似值来表示。

测量是机械生产过程中的重要组成部分，测量技术的基本要求是：在测量过程中，应保证计量单位的统一和量值准确；应将测量误差控制在允许范围内，以保证测量结果的精度；应正确地、经济合理地选择计量器具和测量方法，以保证一定的测量条件。检测过程一般步骤可分为：

（1）确定被检测项目：认真审阅被测件图纸及有关的技术资料，了解被测件的用途，熟悉各项技术要求，明确需要检测的项目。

（2）设计检测方案：根据检测项目的性质、具体要求、结构特点、批量大小、检测设备状况、检测环境及检测人员的能力等多种因素，设计一个能满足检测精度要求，且具有低成本、高效率的检测预案。

（3）选择检测器具：按照规范要求选择适当的检测器具，设计、制作专用的检测器具和辅助工具，并进行必要的误差分析。

（4）检测前准备：清理检测环境并检查是否满足检测要求，清洗标准器、被测件及辅助工具，对检测器具进行调整使之处于正常的工作状态。

（5）采集数据：安装被测件，按照设计预案采集测量数据并规范地作好原始记录。

（6）数据处理：对检测数据进行计算和处理，获得检测结果。

（7）填报检测结果：将检测结果填写在检测报告单及有关的原始记录中，并根据技术要求做出合格性的判定。

2. 测量基准与量值传递

测量工作过程需要标准量作为依靠，而标准量所体现的量值需要由基准提供，因此，为了保证测量的准确性，就必须建立起统一、可靠的计量单位基准。因为不可能得到没有误差的计量器具，也不可能有理想的测量条件，当计量工具的误差满足规定的准确度要求时，则可认为计量结果所得量值接近于真值，可用来代替真值使用，称为"实际值"。

在计量检定中，通常将高一等级（根据准确度高低所划分的等级或级别）的计量标准复现的量值作为实际值，用它来校准其他等级的计量标准或工作计量器具，或为其定值。在全国范围内，具有最高准确度的计量标准，就是国家计量基准。国家计量基准具有保存、复现和传递计量单位量值的三种功能，是统一全国量值的法定依据。

量值传递就是通过对计量器具的检定或校准，将国家基准（标准）所复现的计量单位量值，通过计量标准逐级传递到工作计量器具，以保证对被测对象所得量值的准确一致。

计量基准是为了定义、实现、保存和复现计量单位的一个或多个量值，用作参考的实物量具、测量仪器、参考物质和测量系统。在几何量计量中，测量标准可分为长度基准和角度基准两类。

（1）长度基准与量值传递

为了进行长度计量，必须规定一个统一的标准，即长度计量单位。1984年国务院发布了《关于在我国统一实行法定计量单位的命令》,决定在采用先进的国际单位制的基础上,进一步统一我国的计量单位,并发布了《中华人民共和国法定计量单位》,其中规定长度的基本单位为米(m)。

机械制造中常用的长度单位为毫米(mm),

$$1mm=10^{-3}m$$

精密测量是,多采用微米(μm)为单位,

$$1μm=10^{-3}mm$$

超精密测量时,则用纳米(nm),

$$1nm=10^{-3}μm$$

国际长度单位"米"的最初定义始于 1791 年法国。随着科学技术的发展,对米的定义不断进行完善。1983 年 10 月第十七届国际计量大会通过了米的新定义:"米是光在真空中 1/299792458秒时间间隔内所经路程的长度"。把长度单位统一到时间上,就可以利用高度精确的时间计量,大大提高长度计量的精确度。

在实际生产和科研中,不便于用光波作为长度基准进行测量,而是采用各种计量器具进行测量。为了保证量值统一,必须把长度基准的量值准确地传递到生产中应用的计量器具和工件上去。因此,必须建立一套从长度的国家基准谱线到被测工件的严密而完整的长度量值传递系统。

量值传递就是将国家的计量基准所复现的计量单位值,如图 1-2 所示,通过检定,传递到下一级的计量标准,并依次逐级传递到工作用计量器具,以保证被检计量对象的量值能准确一致。各种量值的传递一般都是阶梯式的,即由国家基准或比对后公认的最高标准逐级传递下去,直到工作用计量器具。长度量值分两个平行的系统向下传递,其中一个是端面量具(量块)系统,另一个是刻线量具(线纹尺)系统。长度量块如图 1-3 所示。

(2)角度基准与量值传递

角度也是机械制造中重要的几何参数之一,常用角度单位(度)是由圆周角 360° 来定义的,二弧度与度、分、秒又有确定的换算关系。

我国法定计量单位规定平面角的角度单位为弧度(rad)及度(°)、分(′)、秒(″)。

1 rad 是指在一个圆的圆周上截取弧长与该圆的半径相等时所对应的中心平面角。

$$1°=(2π/360)=(π/180)rad$$

度、分、秒的关系采用 60 进位制,即:

$$1°=60′;1′=60″$$

由于任何一个圆周均可形成封闭的 360° 中心平面角,因此,角度不需要和长度一样再建立一个自然基准。但在计量部门,为了工作方便,在高精度的分度中,仍常以多面棱体(见图 1-4)作为角度基准来建立角度传递系统(见图 1-5)。

多面棱体是用特殊合金或石英玻璃精细加工而成。它分为偶数面和奇数面两种,前者的工作角为整度数,用于检定圆分度器具轴系的大周期误差,还可以进行对径测量,而后者的工件角为非整度数,它可综合检定圆分度器具轴系的大周期误差和测微器的小周期误差,能较正确地确定圆分度器具的不确定度。

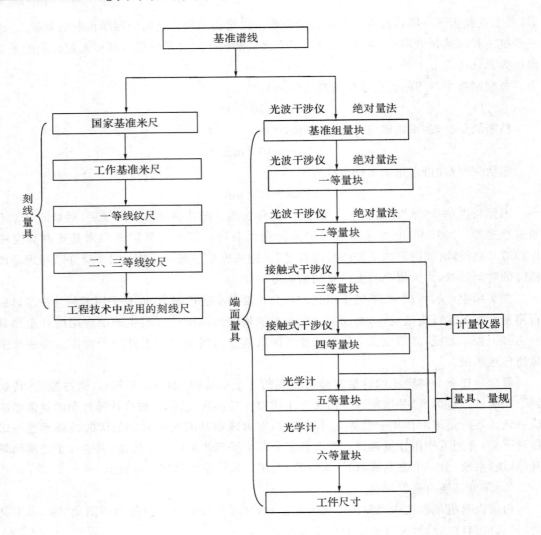

图 1-2　长度量值传递系统

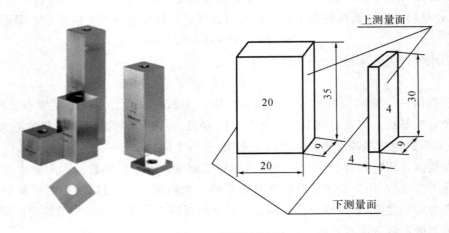

图 1-3　长度量块

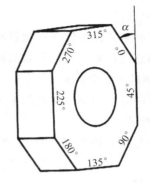

图 1-4　正八面棱体

图 1-5　角度量值传递系统

1.1.4　测量方法

测量方法是指在进行测量时所用的,按类别叙述的一组操作逻辑次序。从不同观点出发,可以将测量方法进行不同的分类,常见的方法有:

1. 直接测量和间接测量

按实测几何量是否为欲测几何量,可分为直接测量和间接测量。

(1)直接测量

直接测量是指直接从计量器具获得被测量的量值的测量方法,如用游标卡尺、千分尺。

(2)间接测量

间接测量是测得与被测量有一定函数关系的量,然后通过函数关系求得被测量值。

2. 绝对测量和相对测量

按示值是否为被测量的量值,可分为绝对测量和相对测量。

(1)绝对测量

绝对测量是指被计量器具显示或指示的示值即是被测几何量的量值,如用测长仪测量零件,其尺寸由刻度尺直接读出。

(2)相对测量

相对测量也称比较测量,是指计量器具显示或指示出被测几何量相对于已知标准量的偏差,测量结果为已知标准量与该偏差值的代数和。

3. 接触测量和非接触测量

按测量时被测表面与计量器具的测头是否接触,可分为接触测量和非接触测量。

(1)接触测量

接触测量是指计量器具在测量时,其测头与被测表面直接接触的测量。如用卡尺、千分尺测量。

（2）非接触测量

非接触测量是指计量器具在测量时，其测头与被测表面不接触的测量。如用气动量仪测量孔径和用显微镜测量工件的表面粗糙度。

4. 单项测量与综合测量

按零件上同时被测集几何量的多少，可分为单项测量和综合测量。

（1）单项测量

单项测量是指分别测量工件各个参数的测量。如分别测量螺纹的中径、螺纹和牙型半角。

（2）综合测量

综合测量是指同时测量工件上某些相关的几何量的综合结果，以判断综合结果是否合格。如用螺纹通规检验螺纹的单一中径、螺距和牙型半角实际值的综合结果，即为作用中径。

5. 被动测量和主动测量

按测量结果对工艺过程所起的作用，可分为被动测量和主动测量。

（1）被动测量

被动测量是指在零件加工后进行测量。测量结果只能判断零件是否合格。

（2）主动测量

主动测量是指在零件加工过程中进行测量。其测量结果可及时显示加工是否正常，并可以随时控制加工过程，及时防止废品的产生，缩短零件生产周期。

6. 自动测量和非自动测量

按测量过程自动化程度，可分为自动测量和非自动测量。

自动测量是指测量过程按测量者所规定的程序自动或半自动地完成。非自动测量又叫手工测量，是在测量者直接操作下完成的。

此外，按被测零件在测量过程所处的状态，可分为动态测量和静态测量；按测量过程中决定测量精度的因素或条件是否相对稳定可分为等精度测量和不等精度测量等。

1.1.5 测量误差

1. 测量误差的来源

在测量时，测量结果与实际值之间的差值叫误差。由于计量器具本身的误差和测量方法和条件的限制，任何测量过程都是不可避免地存在误差，测量所得的值不可能是被测量的真值，测得值与被测量的真值之间的差值在数值上表现为测量误差。

实际测量中，产生测量误差的因素很多，误差产生的原因可归结为以下几方面，测量方法误差、测量装置误差、测量环境误差、人员误差。

（1）测量方法误差

测量方法误差是指由于测量方法不完善所引起的误差，包括：工件安装、定位不合理或测头偏离、测量基准面本身的误差和计算不准确等所造成的误差。

（2）测量装置误差

测量装置误差主要可归结为计量器具误差与基准件误差。

计量器具误差是指计量器具本身在设计、制造和使用过程中造成的各项误差，包括原理误差、制造和调整误差、测量力引起的测量误差等。这些误差的综合反映可用计量器具的示值精度或不确定度来表示。

基准件误差是指作为标准量的基准件本身存在的制造误差和检定误差。例如，用量块作为基准件调整计量器具的零位时，量块的误差会直接影响测得值。因此，为保证一定的测量精度，必须选择一定精度的量块。

（3）测量环境误差

测量环境误差是指测量时的环境条件不符合标准条件所引起的误差，包括温度、湿度、气压、振动、照明等不符合标准以及计量器具或工件上有灰尘等引起的误差。

测量时应根据测量精度的要求，合理控制环境温度，以减小温度对测量精度的影响。

（4）人员误差

人员误差是指由于测量人员的主观因素所引起的人为差错。如测量人员技术不熟练、使用计量器具不正确、视觉偏差、估读判断错误等引起的误差。

2. 测量误差的分类及处理

任何测量过程，由于受到计量器具和测量条件的影响，不可避免地会产生测量误差。测量误差按其性质分为随机误差、系统误差和粗大误差。

（1）随机误差

随机误差是指在相同测量条件下，多次测量同一量值时，其数值大小和符号以不可预见的方式变化的误差。

随机误差是由于测量中的不稳定因素综合形成的，是不可避免的。产生偶然误差的原因很多，如温度、磁场、电源频率等的偶然变化等都可能引起这种误差；另一方面观测者本身感官分辨能力的限制，也是偶然误差的一个来源。

消除随机误差可采用在同一条件下，对被测量进行足够多次的重复测量，取其平均值作为测量结果的方法。

（2）系统误差

系统误差是指在相同测量条件下，多次重复测量同一量值时，误差的大小和符号均保持不变或按一定规律变化的误差。前者称为定值系统误差，可以用校正值从测量结果中消除。如千分尺的零位不正确而引起的测量误差；后者称为变值系统误差，可用残余误差法发现并消除。

计量器具本身性能不完善、测量方法不完善、测量者对仪器使用不当、环境条件的变化等原因都可能产生系统误差。系统误差和随机误差是两类性质完全不同的误差。系统误差反映在一定条件下误差出现的必然性；而随机误差则反映在一定条件下误差出现的可能性。

系统误差的大小表明测量结果的准确度，它说明测量结果相对真值有一定的误差。系统误差越小，则测量结果的准确度越高。系统误差对测量结果影响较大，要尽量减少或消除系统误差，提高测量精度。

（3）粗大误差

粗大误差是指由于主观疏忽大意或客观条件发生突然变化而产生的误差。在正常情况下，一般不会产生这类误差。例如，由于操作者的粗心大意，在测量过程中看错、读错、记错以及突然的冲击振动而引起的测量误差。显然，凡是含有粗大误差的测量结果都是应该舍弃的。

测量精度是指被测量的测得值与其真值的接近程度。在测量中，任何一种测量的精密程度高低都只能是相对的，皆不可能达到绝对精确，总会存在有各种原因导致的误差。为使测量结果准确可靠，尽量减少误差，提高测量精度，必须充分认识测量可能出现的误差，以便采取必要的措施来加以克服。测量精度和测量误差从两个不同的角度说明了同一个概念。因此，可用测量误差的大小来表示精度的高低。测量精度越高，则测量差就越小，反之，测量误差就越大。

由于在测量过程中存在系统误差和随机误差，从而引出以下的概念：

（1）准确度

准确度是指在规定的条件下，被测量中所有系统误差的综合，它表示测量结果中系统误差影响的程度。系统误差小，则准确度高。

（2）精密度

精密度是指在规定的测量条件下连续多次测量时，所得测量结果彼此之间符合的程度，它表示测量结果中随机误差的大小。随机误差小，则精密度高。

（3）精确度

精确度是指连续多次测量所得的测得值与真值的接近程度，它表示测量结果中系统误差与随机误差综合影响的程度。系统误差和随机误差都小，则精确度高。

通常，精密度高的，准确度不一定高，反之亦然；但精确度高时，准确度和精密度必定都高。

【课后思考与训练】

1. 简述互换性在机械制造中的重要意义？

2. 公差、检测、互换性、标准化有什么关系？

3. 完整的测量过程包括哪几个要素？简述测量步骤。

4. 简述测量误差概念及其产生原因。

任务 2　测量器具认识使用

【任务目标】

1. 了解常用测量器具。
2. 掌握常规量具的使用方法,读数及其操作注意事项。

【相关知识】

1.2.1　测量器具简介

生产中,需要通过不同测量器具的检测才能保证零件的所需几何公差量。测量器具根据测量原理、测量对象、适用条件等因素有不同分类,基准量具、极限量规、测量装置等。

测量器具是用于测量的量具、测量仪器和测量装置的总称。按测量原理、结构特点及用途等分为:基准量具、极限量规、通用测量器具、测量装置。

基准量具是测量中体现标准量的量具,以固定形式复现量的测量器具,如量块、角度量块等。

极限量规是用以检验零件尺寸、形状或相互位置的无刻度专业检验工具,专门为检测工件某一技术参数而设计制造,如光滑极限塞规等。

通用量具是指那些测量范围和测量对象较广的量具,一般可直接得出精确的实际测量值,其制造技术和要求较复杂,由量具厂统一制造的通用性量具。如游标卡尺、千分尺、百分表、万能角度尺等。

测量装置是指测量时起辅助测量作用的器具,如方箱、平板等。

1. 基准量具

基准量具又称标准量具用作测量或检定标准的量具。如量块(图 1-6)、多面棱体(图 1-7)、表面粗糙度比较样块(见图 1-8)、直角尺(见图 1-9)等。

(a) 长度量块

(b) 角度量块

图 1-6　量块

图 1-7　多面棱体

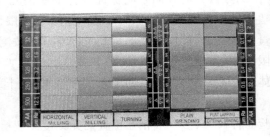

图 1-8　表面粗糙度比较样块

图 1-9　直角尺

量块体现了检测中的长度、角度标准量,有不同规格,通过拼接可得到所需长度或角度,常用于机械加工中的检测。

正多面棱体作为计量基准、角度传递基准,被广泛应用。

粗糙度比较样块用于工件表面比较,通过视觉触觉对工件表面粗糙度进行评定,也可作为选用粗糙度数值的参考依据。

2. 极限量规

极限量规是测量特定技术参数的专业检验工具,测量时,工具不能得到被检验工具的具体数值,但能确定被检验工件是否合格。如光滑极限量规、螺纹量规等。

图 1-10 所示为检验轴(孔)的光滑极限圆柱量规。

图 1-11 所示为检验内螺纹和外螺纹的普通螺纹量规(螺纹环规、螺纹塞规),适于检测符合国家标准螺纹工件,用于孔径、孔距、内螺纹小径的测量。

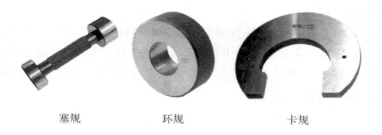

塞规 　　　　环规 　　　　卡规

图 1-10　光滑极限圆柱量规

图 1-11　螺纹量规

图 1-12 为检验外圆锥和内圆锥的圆锥环规和圆锥塞规,实现锥体工件的检测。

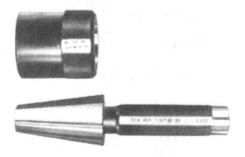

图 1-12　圆锥量规

3. 通用测量器具

通用量具也称万能量具,该类量具一般都有刻度,能对不同工件、多种尺寸进行测量。在测量范围内可测量出工件或产品的形状、尺寸的具体数据值,如游标卡尺、千分尺、百分表、万能角度尺等。

(1)游标类量具

①游标卡尺

游标卡尺器具是利用游标读数原理制成的量具,游标(副尺)的 1 个刻度间距比主尺的 1 或 2 个刻度间距小,其微小差别即游标卡尺的读数值,利用此微小差别及其累计值可精确估读主尺刻度小数部分数值。

图 1-13 所示为测量内、外尺寸的游标卡尺,有普通游标卡尺、数显游标卡尺及带表游标卡尺。图 1-14 所示为测量深度的游标卡尺,包括普通深度游标卡尺、数显深度游标卡尺及带表深度游标卡尺;图 1-15 所示为测量高度的游标卡尺,包括普通高度游标卡尺、数显高度游标卡尺及带表高度游标卡尺。

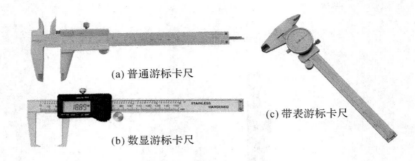

(a) 普通游标卡尺

(b) 数显游标卡尺

(c) 带表游标卡尺

图 1-13　游标卡尺

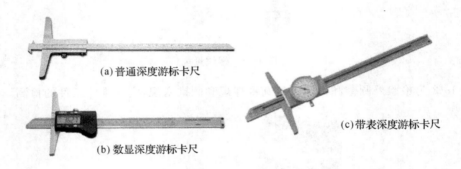

(a) 普通深度游标卡尺

(b) 数显深度游标卡尺

(c) 带表深度游标卡尺

图 1-14　深度游标卡尺

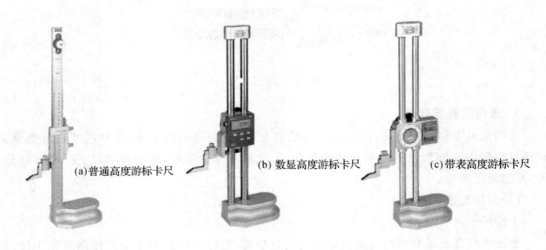

(a) 普通高度游标卡尺　　(b) 数显高度游标卡尺　　(c) 带表高度游标卡尺

图 1-15　高度游标卡尺

②万能量角器

万能量角器又称游标量角器,也是利用游标原理,对两测量面相对移动所分隔的角度进行读数的同样角度测量工具,如图 1-16 所示,用来测量精密工件的内、外角度或进行角度划线的量具。

(a) 内、外角度量具   (b) 角度划线量具

图 1-16　万能角度尺

(2)螺旋类量具

螺旋量具是利用螺旋变换制成各种千分尺,将直线位移转换为角位移,或将角位移转换为直线位移,如外径千分尺、内径千分尺、深度千分尺、高度千分尺、数显千分尺等。

如图 1-17 所示,外径千分尺是应用于工件外尺寸的精密测量,内径尺寸的测量则用内径千分尺,如图 1-18 所示,不同级别尺寸,可按需要增加加长杆。

(a) 普通游标卡尺   (b) 数显游标卡尺

图 1-17　外径千分尺

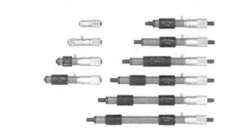

图 1-18　内径千分尺图

螺纹千分尺用于测量螺纹中径,测头采用尖端,其他结构与外径千分尺相同,如图 1-19 所示。

图 1-19　螺纹千分尺

　　如图 1-20 所示,线材千分尺用于线材加工行业,用于测量线材的直径,使用简便、读数直观。

图 1-20　线材千分尺

　　盘形千分尺利用两个盘型测量面分隔距离测量长度,用于测量齿轮公法线长度,是通用的齿轮测量工具,如图 1-21 所示。

图 1-21　盘形千分尺

　　板材千分尺对弧形尺架设计适用于板类零件的测量,测量原理相同,如图 1-22 所示。

　　(3)指示表

　　百分表是长度测量工具,广泛应用于测量工件几何形状误差及位置误差。百分表具有防震机构,精度可靠等优点,能精确到 0.01mm,如图 1-23 所示。

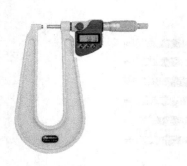

图 1-22　板材千分尺　　　　　　　　　图 1-23　百分表

　　千分表是高精度的长度测量工具,用于测量工件几何形状误差及位置误差,比百分表更精确,精确到 0.001mm,如图 1-24 所示。

图 1-24　千分表

　　杠杆千分表体积小、方便携带,精度高,适用于一般百分表、千分表难以测量的场所,如图 1-25 所示。

　　深度百分表适用于工件深度、台阶等尺寸的测量,如图 1-26 所示。

图 1-25　杠杆千分表　　　　　　　图 1-26　深度百分表

（4）光学类量仪

　　光学类量仪利用光学原理进行检查,如光学计、光学测角仪、光栅测长仪(见图 1-27)、激光干涉仪、投影仪(见图 1-28)、工具显微镜(见图 1-29)等。

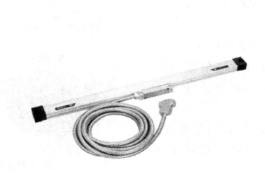 

图 1-27　光栅尺　　　　　　　图 1-28　投影仪

（5）电学类量仪

电学类量仪利用电感等原理进行检查，其示值范围小，灵敏度高，如表面粗糙度测量仪（见图1-30）、电感比较仪、电动轮廓仪（见图1-31）、容栅测位仪等。

图1-29　放大镜

图1-30　表面粗糙度测量仪

图1-31　轮廓测量仪

图1-32　浮标式气动量仪

（6）气动类量仪

气动类量仪利用气压驱动，其精度与灵敏度比较高，抗干扰性强，可用于动态在线测量，主要应用于大批量生产线中，如水柱式气动量仪、浮标式气动量仪（见图1-32）等。

（7）综合类量仪

综合类量仪结构复杂，精度高，对形状复杂的工件进行二维、三维高精度测量，主要用于计量时进行高精度测量。包括数显式工具显微镜、微机控制的数显万能测长仪，三坐标测量机（见图1-33）等。

以上所介绍仪器为通用公差测量仪器，其他还有许多专项参数检查仪器，如直线度测量仪器、圆柱度检查仪、球头铣刀测量装置等。

图1-33　三坐标测量机

1.2.2 常用测量工具使用

1. 游标卡尺

游标卡尺是比较精密的量具,主要用于测量工件的外径、内径尺寸,利用游标和尺身相互配合进行测量和读数。游标卡尺结构简单,使用简单,测量范围大,应用广泛,保养方便,带深度尺还可用于测量工件的深度尺寸,如图 1-34 所示。

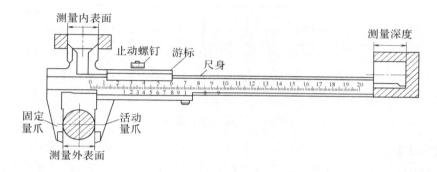

图 1-34 Ⅰ型游标卡尺

常用游标卡尺按功能、结构主要分为:

(1)三面量爪游标卡尺(Ⅰ型,Ⅱ型):卡尺结构包括外测量爪、刀口内测量爪、深度尺,是否带台阶测量面分为Ⅰ型、Ⅱ型,可分带深度尺和不带深度尺两种。

(2)双面量爪游标卡尺(Ⅲ型):卡尺结构包括刀口外测量爪、圆弧内测量爪、外测量爪,不带深度测量尺。

(3)单面量爪游标卡尺(Ⅳ型,Ⅴ型):卡尺结构包括外测量爪、圆弧内测量爪,根据是否带台阶测量面分为Ⅳ型,Ⅴ型。

卡尺不同游标卡尺的测量范围见表 1-2。

表 1-2 游标卡尺规格

型式	游标卡尺			大量程游标卡尺
	Ⅰ型,Ⅱ型	Ⅲ型	Ⅳ型,Ⅴ型	
测量范围/mm	0~70,0~150	0~200,0~300	0~500,0~1000	0~1500,0~2000,0~2500,0~3000,0~3500,0~4000
游标分度值/mm	0.01,0.02,0.05,0.10			

【刻线原理】

精度为 0.05mm 游标卡尺刻线原理(图 1-35(a)):主尺上每一格的长度为 1mm,副尺总长度为 39mm,并等分为 20 格,每格长度为 39/20=1.95mm,则主尺 2 格和副尺 1 格长度之差为 0.05mm,所以其精度为 0.05mm,其刻线原理示意如图 1-35(a)所示。

精度为 0.02mm 游标卡尺刻线原理(图 1-35(b)):主尺上每一格的长度为 1mm,副尺总长度为 49mm,并等分为 50 格,每格长度为 49/50=0.98mm,则主尺 1 格和副尺 1 格长度之差为 0.02mm,所以其精度为 0.02mm,其刻线原理示意如图 1-35(b)所示。

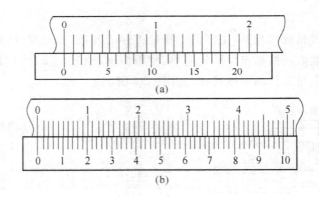

图 1-35　游标卡尺刻线

【读数方法】

普通游标卡尺,首先读出游标副尺零刻线以左主尺上的整毫米数,再看副尺上从零刻线开始第几条刻线与主尺上某一刻线对齐,其游标刻线数与精度的乘积就是不足 1mm 的小数部分,最后将整毫米数与小数相加就是测得的实际尺寸。游标卡尺读数方法示意如图 1-36 所示。

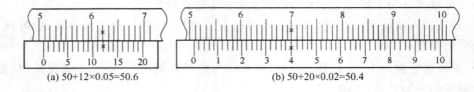

图 1-36　刻度读数

带表游标卡尺是用表式机构代替游标读数,测量准确。使用带表游标卡尺的方法与使用普通游标卡尺的方法相同,从指示表上读取尺寸的小数值,与主尺整数相加即为测量结果。

数显游标卡尺只是使用液晶显示屏显示数值,可直接读取测量结果,使用方便、准确、迅速。

【操作要点】

①测量前应将游标卡尺擦拭干净,检查量爪贴合后主尺与副尺的零刻线是否对齐。

②测量时,应先拧松紧固螺钉,移动游标不能用力过猛。两量爪与待测物的接触不宜过紧。不能使被夹紧的物体在量爪内挪动。

③测量时,应拿正游标卡尺,避免歪斜,保证主尺与所测尺寸线平行。

④测量深度时,游标卡尺主尺的端部应与工件的表面接触平齐。

⑤读数时,视线应与尺面垂直,避免视线误差的产生。如需固定读数,可用紧固螺钉将游标固定在尺身上,防止滑动。

⑥实际测量时,对同一长度应多测几次,取其平均值来消除偶然误差。

⑦用完后,应平放入盒内。如较长时间不使用,应用汽油擦洗干净,并涂一层薄的防锈油。卡尺不能放在磁场附近,以免磁化,影响正常使用。

2. 螺旋千分尺

千分尺是应用广泛的精密长度量具,测量精确度比游标卡尺高。千分尺的形式和规格繁多,有外径千分尺、内径千分尺、深度千分尺等。

外径千分尺利用螺旋传动原理,将角位移变成直线位移来进行长度测量,精度可达0.001mm,主要用于测量工件的外径、长度、厚度等外尺寸。外径千分尺结构如图1-37所示。

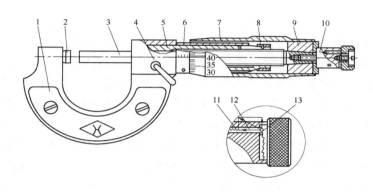

1-尺架　2-砧座　3-测微螺杆　4-锁紧手柄　5-螺纹套　6-固定套管
7-微分管　8-螺母　9-接头　10-测力装置　11-弹簧　12-棘轮爪　13-棘轮

图 1-37　外径千分尺

外径千分尺的量程为25mm,测微螺杆螺距为0.5mm 和1mm,不同外径千分尺的测量范围、精度见表1-3。

表 1-3　外径千分尺规格(GB/T 1216-2004)

品种	测量范围/mm	分度值/mm
外径千分尺	0~25,20~25,50~75,75~100,100~125,125~150,150~175,175~200,200~225,225~250,250~275,275~300,300~400,400~500,500~600,600~700,700~800,800~900,900~1000	0.01,0.001,0.002,0.005
大外径千分尺(JB/T1007-1999)	1000~1500,1500~2000,2000~2500,2500~3000	

【刻线原理】

千分尺测微螺杆上的螺距为 0.5mm,当微分管转一圈时,测微螺杆就沿轴向移动0.05mm,固定套管上刻有间隔为 0.5mm 的刻线,微分管圆锥面上共刻有 50 个格,因此微分筒每转一周,螺杆就移动 0.5mm/50＝0.01mm,因此千分尺的精度值为 0.01mm。

【读数方法】

首先读出微分筒边缘在固定套管主尺的毫米数和半毫米数,然后看微分管上哪一格与固定套管上基准线对齐,并读出相应的不足半毫米数,最后把两个读数相加就是测得的实际尺寸。读数方法示意如图1-38所示。

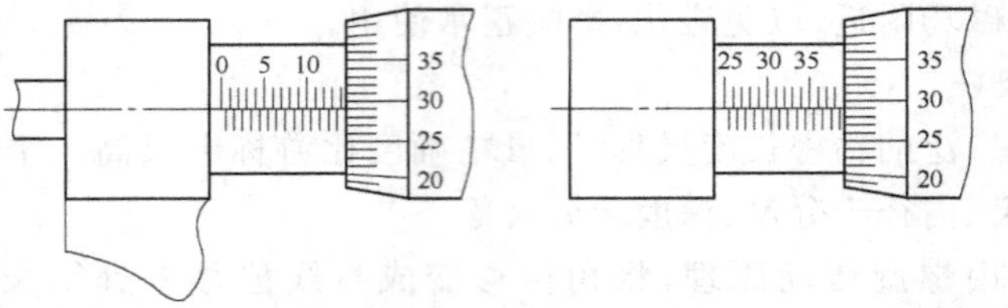

(a) (14+0.29)mm=14.29mm   (b) (38.5+0.29)mm=38.79

图 1-38   外径千分尺读数

【操作要点】

①测量前,应清除千分尺两侧砧及被测表面上的油污和尘埃,并转动千分尺的测力装置,使两侧砧面贴和,检查是否密合;同时检查微分管与固定套管的零刻线是否对齐。若零位不对,应进行校准。如急需测量,可记下零位不准的偏差值,从测得值中修正。

②测量时,一定要用手握持隔热板,否则将使千分尺和被测件温度不一致而产生测量误差,应尽可能使千分尺和被测件的温度相同或相近。

③测量时,当千分尺两侧砧接近被测件而将要接触时,只能转动测力装置的滚花外轮,当测力装置发出咯咯的响声时,表示两侧砧已与被测件接触好,此时即可读数。千万不要在两侧砧与被测件接触后再转动微分筒,这样将使测力过大,并使精密螺纹受到磨损。

④测量时,千分尺测杆的轴线应与被测尺寸的长度方向一致,不能歪斜。与两侧砧接触的两被测表面,如定位精度不同,应以易保证定位精度的表面与固定侧砧接触,以保证测量时的正确定位。

⑤读数时,千分尺最好不要离开被测件,读数后要先松开两侧砧,以免拉离时磨损侧砧,更不能测量运动中的工件。如确需取下,应首先锁紧测微螺杆,防止尺寸变动。

⑥不得握住微分筒挥动或摇转尺架,这样会使精密测量螺杆受损。

⑦使用后擦净上油,放入专用盒内,并将置于干燥处。

3. 指示表

百分表和千分表是将测量杆的直线位移通过齿条和齿轮传动系统转变为指针的角位移进行读数的一种长度测量工具。广泛用于测量精密件的形位误差,也可用比较法测量工件的长度,具有防震机构,精度可靠。百分表的结构如图的分度值为 0.01mm,千分表的分度值为 0.001mm。百分表和千分表的测量范围及精度见表 1-4。

表 1-4   百分表和千分表规格

品　种	测量范围/mm	分度值/mm
百分表(GB 1219-85)	0~3,0~5,0~10	0.01
大量程百分表(GB 6311-86)	0~30,0~50,0~100	
千分表(GB 6309-86)	0~1,0~2,0~3,0~5	0.001

【刻线原理】

当测量杆上升 1mm 时,百分表的长针正好转动一周,由于百分表的表盘上共刻有 100 个等分格,所以长针每转一格,则测量杆移动 0.01mm。

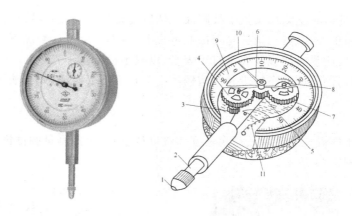

1-触头　2-测量杆　3-小齿轮　4、7-大齿轮　5-中间小齿轮
6-长指针　8-短指针　9-表盘　10-表圈　11-拉簧

图 1-39　百分表

【读数方法】

长指针每转一格为 0.01mm,短指针每转一格为 1mm,测量时把长短指针读数相加即为测量读数。

【操作要点】

①使用前检查表盘和指针有无松动。

②测量工件时,将指示表(百分表和千分表)装夹在合适的表座上(图 1-40),装夹指示表时,夹紧力不能过大,以免套筒变形,使测杆卡死或运动不灵活。用手指向上轻抬测头,然后让其自由落下,重复几次,此时长指针不应产生位移。

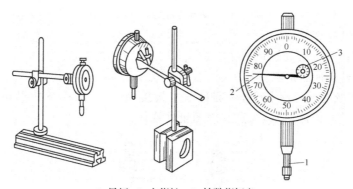

1-量杆　2-主指针　3-转数指标盘

图 1-40　百分表安装及使用

③测平面时,测量杆要与被测平面垂直。测圆柱体时,测量杆中心必须通过工件中心,即触头在圆柱最高点。注意测量杆应有 0.3~1mm 的压缩量,保持一定的初始力,以免由于存在负偏差而测不出值来。测量圆柱件最好用刀口形测头,测量球面件可用平面测头,测量凹面或形状复杂的表面可用尖形测头。

④测量时先将测量杆轻轻提起,把表架或工件移到测量位置后,缓慢放下测量杆,使之

与被侧面接触,不可强制把测量头推上被测面。然后转动刻度盘使其零位对正长指针,此时要多次重复提起测量杆,观察长指针是否都在零位上,在不产生位移情况下才能读数。

⑤测量读数时,测量者的视线要垂直于表盘,以减小视差。

⑥测量完毕后,测头应洗净擦干并涂防锈油。测杆上不要涂油,如有油污,应擦干净。

4. 角度量具

(1)正弦规

正弦规是用于准确检验零件及量规角度和锥度的量具,辅助测量圆锥锥度和角度偏差。一般的正弦规如图 1-41 所示。

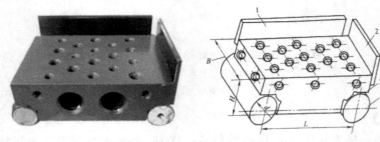

1-侧挡板 2-前挡板 3-主体 4-圆柱

图 1-41 正弦规

【测量原理】

正弦规测量原理是根据正弦函数,利用量块垫起一端使之形成一定角度来检验圆锥量规和角度等工具的锥度和角度偏差。

测量前,根据被测工件的结构不同,选择不同结构的正弦规,然后按公式计算量块组的高度。

$$h = L\sin\alpha$$

式中:h——量块组的高度;

L——两圆柱的中心间距;

α——正弦规放置的角度。

测量时,将正弦规放在平板上,一圆柱与平板接触,另一圆柱下垫量块,装好工件。如图 1-42 正弦规测量外椎体所示,为正弦规测量外锥体。

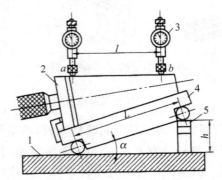

1-检验平板 2-工件 3-指示表 4-正弦规 5-量块

图 1-42 正弦规测量外椎体

【操作要点】

①正弦规工作面不得有严重影响外观和使用性能的裂痕、划痕、夹渣等缺陷。

②正弦规各零件均应去磁,主体和圆柱必须进行稳定性处理。

③正弦规应能装置成 0°～80°范围内的任意角度,其结构刚性和各零件强度应能适应磨削工作条件,各零件应易于拆卸和修理。

④正弦规的圆柱应采用螺钉可靠地固定在主体上,且不得引起圆柱和主体变形;紧固后的螺钉不得露出圆柱表面。主体上固定圆柱的螺孔不得露出工作面。

（2）水平仪

水平仪是用以测量工件表面相对水平位置的微小倾斜角度的量具。可测量各种导轨和平面的直线度、平面度、平行度和垂直度,还能用于调整安装各种设备的水平和垂直位置。一般被作为量具使用的水平仪主要有框式(方形水平仪)和条式(钳工水平仪)两种,如框式水平仪、条式水平仪图 1-43 所示。

(a) 框式水平仪　　　　　　　　　(b) 条式水平仪

图 1-43　水平仪

【测量原理】

水平仪是利用水准器(水泡)进行测量的。水准器是一个密封的玻璃管,内壁研磨成具有一定曲率半径尺的圆弧面。管内装有流动性很好的液体(如乙醚、酒精),管内还留有一个小的空间,即为气泡,玻璃管外表面上刻有刻度。

当水准器处于水平位置时,气泡位于正中,即处于零位。

当水准器偏离水平位置而有倾斜时,气泡即移向高的一端,倾斜角度的大小,由气泡所对的刻度读出。

水平仪不同品种测量范围及精度见表 1-5。

表 1-5　水平仪规格

品　种	分度值/mm	工作面长度/mm	工作面宽度/mm	V 形工作面夹角
框式、条式 （GB/T 16455-2008）	0.02,0.05,0.10	100	≥30	120°,140°
		150,200	≥35	
		250,300	≥40	
电子式 （JB/T 10038-1999）	0.005,0.01, 0.02,0.05	100	25～35	120°,150°
		150,200,250,300	35～50	

【操作要点】

①使用前,应将水平仪的工作面和工件的被检面清洗干净,测量时此两面之间如有极微

小的尘粒或杂物,都将引起显著的测量误差。

②零值的调整方法,将水平仪的工作底面与检验平板或被测表面接触,读取第一次读数;然后在原地旋转180°,读取第二次读数;两次读数的代数差除以2即为水平仪的零值误差。

③普通水平仪的零值正确与否是相对的,只要水平仪的气泡在中间位置,就表明零值正确。

④水准器中的液体,易受温度变化的影响而使气泡长度改变。对此,测量时可在气泡的两端读数,再取平均值作为结果。

⑤测量时,一定要等到气泡稳定不动后再读数。

⑥读取水平仪示值时,应垂直正对水准器的方向,以避免因视差造成读数误差。

(3)角尺

角尺是一种专业量具,角尺测量为比较测量法,公称角度为90°,故称为直角尺,可用于检测工件的垂直度及工件相对位置的垂直度,有时也用于划线。适用于机床、机械设备及零部件的垂直度检验,安装加工定位,划线等是机械行业中的重要测量工具,特点是精度高、稳定性好、便于维修,结构不同可分为平样板角尺、宽底座样板角尺、圆柱角尺,如图1-44所示,为宽底座样板角尺。

【测量原理】

使用角尺检验工件时,当角尺的测量面与被检验面接触后,即松手,让角尺靠自身的重量保持其基面与平板接触,如图1-45所示用手轻按压角尺的下基面,使上基面与被检验的一个面接触。

图 1-44　宽底座样板直角尺

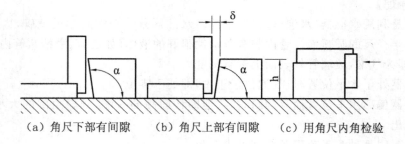

（a）角尺下部有间隙　　（b）角尺上部有间隙　　（c）用角尺内角检验

图 1-45　角尺检验直角

①确定被检验角数值:测量时,如果角尺的测量面与被检验面完全接触,根据光隙的大小判定被检验角的数值。若无光隙说明被检验角度为90°;若有关隙的说明被检验角度不等于90°。

②角尺做检验工具:用比较测量法检验,先用作为标准的角尺调整指示器,当标准角尺压向测量架的固定支点时,调整指示器归零;然后将指示器和测量架移向被测工件进行测量,如图1-46所示。

【操作要点】

①00级和0级90°角尺一般用于检验精密量具;1级90°角尺用于检验精密工件;2级

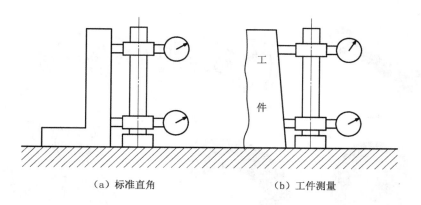

（a）标准直角　　　　　　　　　　　　　　（b）工件测量

图 1-46　角尺比较测量垂直度误差

90°角尺用于检验一般工件。

②使用前,应先检查各工作面和边缘是否被碰伤。将直角尺工作面和被检工作面擦净。

③使用时,将 90°角尺放在被测工件的工作面上,用光隙法来鉴别被测工件的角度是否正确,检验工件外角时,须使直角尺的内边与被测工件接触,检验内角时,则使直角尺的外边与被测工件接触。

④测量时,应注意角尺的安放位置,不能歪斜。

⑤在使用和安放工作边较大的 90°角尺时,尤应注意防止弯曲变形。

⑥为求得精确的测量结果,可将 90°角尺翻转 180°再测量一次,取二次度数的算术平均值作为其测量结果,可消除角尺本身的偏差。

5. 光滑极限量规

光滑极限量规是用以检验没有台阶的光滑圆柱形孔、轴直径尺寸的量规,在生产中使用最广泛,如图 1-47 所示。按国家标准规定,量规的检验范围是基本尺寸(1－500)mm,公差等级为 IT6—IT16 的光滑圆柱形孔和轴。

检验孔径的量规叫作塞规,检验轴径的量规叫作卡规。轴径也可用环规即用高精度的完整孔来检验,但操作不便,又不能检验加工中的轴件(两端都已顶持),故很少应用。

【测量原理】

塞规和卡规都是成对使用的,其中一个为"通规",用以控制孔的最小极限尺寸 D_{min} 和轴的最大极限尺寸 d_{max},另一个为"止规",用以控制孔的最大极限尺寸 D_{max} 和轴的最小极限尺寸 d_{min}。检验时,若通规能通过被检孔、轴,而止规不能通过,则表示被检孔、轴的尺寸合格。

【操作要点】

①使用前,要先核对量规上标注的基本尺寸、公差等级及基本偏差代号等是否与被检件相符。了解量规是否经过定期检定及检定期限是否过期(过期不应使用)。

②使用前,必须检查并清除量规工作面和被检孔、轴表面(特别是内孔孔口上)的毛刺、锈迹和铁屑末及其他污物。否则不仅检验不准确,还会磨伤量规和工件。

③检验工件时,一定要等工件冷却后再检验,并在量规上应尽可能安装隔热板,以供使用时用手握持,否则将产生很大的热膨胀误差而造成误检。

④检验孔件时,用手将塞规轻轻地送入被检孔,不得偏斜。量规进入被检孔中之后,不

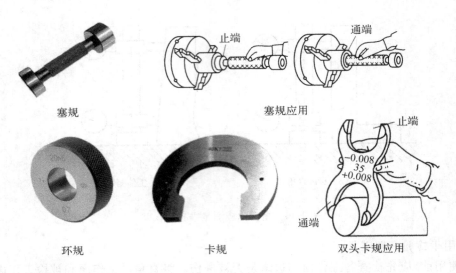

图 1-47　光滑极限量规

要在孔中回转,以免加剧磨损。

　　⑤检验轴件时,用手扶正卡规(不要偏斜),最好让其在自重作用下滑向轴件直径位置。

　　⑥量规属精密量具,使用时要轻拿轻放。用完后工作面上涂一层薄防锈油,放在木盒内或专门的位置,不要将量规与其他工具杂放在一起,要注意避免磕损、锈蚀和磁化。

6. 辅助量具

　　常用的辅助量具主要有 V 型块、检验平板、方箱、弯板等。

　　(1)V 型块

　　V 型块是用于轴类零件加工和或检验时作紧固或定位的辅助工作,如图 1-48 所示。V 型块可以单只使用,也可以成对使用,成对使用时必须保证是同型号和同一精度等级的 V 型块才可使用。材质可分铸铁材质或大理石材质。

图 1-48　V 型块

　　在测量中 V 型块主要起支承轴类工件的作用,将工件的基准圆柱面定位和支承在 V 型块上,可检测工件形位误差。

（2）检验平台

检验平台在测量中起基座作用，其工作表面作为测量的基准平面，如图 1-49 所示。检验平台要求具有足够的精度和刚度稳定性。常用材质有铸铁和大理石。

图 1-49　检验平台

检验使用时应注意，平台安放平稳，一般用三个支承点调整水平面。大平板增加的支承点须垫平垫稳，但不可破坏水平，且受力须均匀，以减少自重受形；平板应避免因局部使用过频繁而磨损过多，使用中避免热源的影响和酸碱的腐蚀；平板不宜承受冲击、重压、或长时间堆放物品等。

（3）方箱

方箱用于检验工件的辅助量具，也可在平台测量中作为标准直角使用，其性能稳定，精度可靠。有六个工作面，其中一个工作面上有 V 型槽，如图 1-50 所示。

图 1-50　方箱

方箱一般是在检验平台上使用，起支承被检测工作的作用，可以单独使用，也可以成对使用。

（4）弯板

弯板在检验平台测量中作为标准直角使用（如图 1-51），用于零部件的检测和机械加工中的装夹、划线。它能在检验平台上检查工件的垂直度，适用于高精度机械和仪器检验和机床之间不垂直度的检查。

弯板不能在潮湿、有腐蚀、过高和过低的温度环境下使用和存放。使用时要先进行弯板的安装调试，然后把弯板的工作面擦拭干净，在确认没有问题的情况下使用弯板。

图 1-51　弯板

【任务实践】

模具支撑柱零件尺寸测量

(1)实践内容

如图 1-52 所示,注塑模具支撑柱,零件尺寸为 40 * 90。

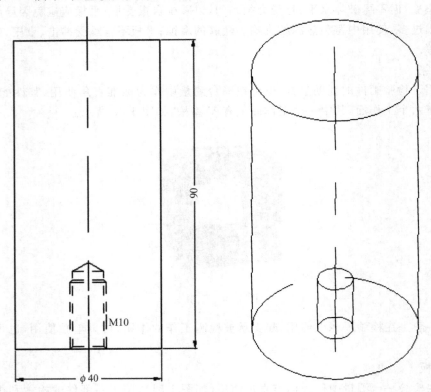

图 1-52　支撑柱

　　使用游标卡尺、螺旋千分尺测量零件尺寸,掌握零件尺寸的检测方法以及游标卡尺、螺旋千分尺的使用方法、测量范围和测量精度。

　　选用游标卡尺为 50 分度,分度值为 0.02mm。

　　选用螺旋千分尺为 25~50mm 的外径千分尺。

（2）实践步骤

● 游标卡尺检测

①首先将游标卡尺擦干净，轻轻推动尺框，使两个量爪靠拢，待严密贴合并没有明显的漏光间隙时，检查零位。若调零有困难，可先记录下零位时的误差，并注意误差的正负值，在测量结果中加以修正。

②测量时，左手拿工件，右手握尺，先张开活动量爪，测量外尺寸时，使用外测量爪；测量内尺寸时，使用内测量爪。将被测工件靠在固定量爪上，然后推动尺框，使活动量爪轻微接触工件，用锁紧螺钉固定，读取尺寸。游标卡尺的正确使用方法如图 1-53 所示。

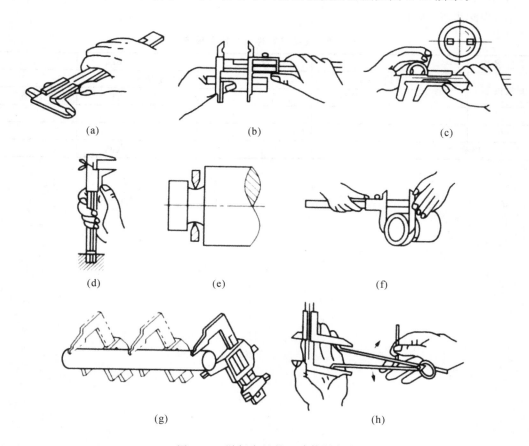

图 1-53　游标卡尺的正确使用方法

③读数方法分 3 个步骤。

读整数。读出游标零线与左边靠近零线最近的尺身刻线数值，读数值就是被测工件尺寸的整数值。

读小数。找出与尺身刻线对齐的游标刻线，将其格数乘以游标分度值 0.02mm 所得的积，即为被测工件尺寸的小数值。

求和。把上面读数值相加，就是被测工件尺寸值。

● 螺旋千分尺检测步骤

①首先将外径千分尺测头、被测工件表面擦洗干净。

②校准零位。测量范围小于 25mm 时,直接合拢两测量面进行校正;测量范围大于 25mm 时,使用量具盒内的校对量杆进行校正。若调零有困难,可记录下零位误差,在测量结果中修正。

③转动活动套筒(微分筒),使千分尺两测量面之间的距离大于工件的被测尺寸。

④将工件的被测表面放在两测头之间,并使被测轴线与千分尺测量杆保持垂直。

⑤转动活动套筒,使测量杆轴向移动,接近保持表面时,应改用棘轮装置(测力装置),直到棘轮发出响声时停止转动。

⑥锁紧千分尺后,可读数。

(3)检测报告(表 1-6)

表 1-6　支撑柱零件尺寸检测报告

零件名称			学号		成绩	
测量内容	选用量具		测量数据			
	名称	规格	Ⅰ	Ⅱ	Ⅲ	平均值
90						
检测员			日期		审阅	

第 2 章　模具零件尺寸精度的检测

【项目导读】

一副模具是由众多的零件组配而成,零件的质量直接影响着模具的质量。在生产中,模具零件的精度总是会受各种因素影响,其中,尺寸精度是影响模具精度的重要因素之一。本项目学习了解极限与配合与技术测量方面的基本知识,掌握模具零件尺寸精度的检测方法,掌握尺寸精度在模具设计与制造中的应用。

任务 1　图样上尺寸公差的解读

【任务目标】

1. 了解极限与配合相关知识内容。

2. 能够掌握国家标准资料使用。

3. 掌握零件尺寸误差的检测,并评价合格性。

【相关知识】

2.1.1　极限与配合的基本术语

在国家标准 GB/T 1800.1-2009“术语及定义”中,规定了有关要素、尺寸、偏差、公差和配合的基本术语和定义。

1. 要素

(1)尺寸要素(feature of size)

由一定大小的线性尺寸或角度尺寸确定的几何形状。尺寸要素可以是圆柱形、球形、两平行对应面、圆锥形或楔形。

(2)实际(组成)要素(real (integral)feature)

有接近实际(组成)要素所限定的工件实际表面的组成要素部分。

(3)提取组成要素(extracted integral feature)

按规定方法,由实际(组成)要素提取有限数目的点所形成的实际(组成)要素的近似替代。

(4)拟合组成要素(associated integral feature)

按规定方法,由提取组成要素形成的并具有理想形状的组成要素。

各要素含义如图 2-1 所示。

2. 孔和轴

(1)孔(hole)

通常指工件的圆柱形内表面,也包括非圆柱形内表面(由二平行平面或切面形成的包容面)。

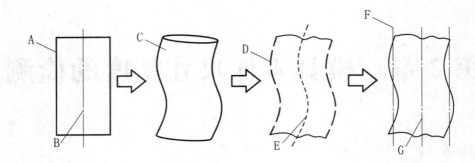

A-公称组成要素　B-公称导出要素　C-实际要素

D-提取组成要素　E-提取导出要素　F-拟合组成要素　G-拟合导出要素

图 2-1　各要素的含义

（2）轴（shaft）

通常指工件的圆柱形外表面，也包括非圆柱形外表面（由二平行平面或切面形成的被包容面）。

孔与轴的显著区别主要在于，从加工方面看，孔是越做越大，轴是越做越小；从装配关系看，孔是包容面，轴是被包容面。在国家标准中，孔与轴不仅包括通常理解的圆柱形内、外表面，而且还包括其他几何形状的内、外表面中由单一尺寸确定的部分。在图 2-2 中，D_1、D_2、D_3 和 D_4 均可称为孔，而 d_1、d_2、d_3 和 d_4 均可称为轴。

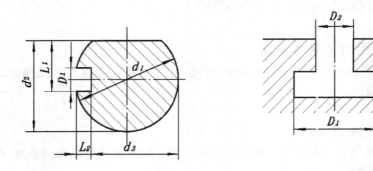

图 2-2　孔与轴尺寸

3. 尺寸

（1）尺寸（size）

以特定单位表示线性尺寸值的数值。

如长度、高度、直径、半径等都是尺寸。在工程图样上，尺寸通常以"mm"为单位，标注时可将长度单位"mm"省略。

（2）公称尺寸（nominal size）

由图样规范确定的理想形状要素的尺寸，如图 2-3 所示。通过它应用上、下偏差可以计算出极限尺寸，也称为基本尺寸。

公称尺寸通常是设计者经过强度、刚度计算，或根据经验对结构进行考虑，并参照标准尺寸数值系列确定的。相配合的孔和轴的基本尺寸应相同,并分别用 D 和 d 表示。

(3)提取组成要素的局部尺寸(local size of an extracted intergral feature)

一切提取组成要素上两对应点之间距离的统称,简称为提取要素的局部尺寸,以前的标准称为实际尺寸。

由于存在测量误差,实际尺寸不一定是被测尺寸的真值。加上测量误差具有随机性,所以多次测量同一处尺寸所得的结果可能是不相同的。同时,由于形状误差的影响,零件的同一表面上的不同部位,其实际尺寸往往并不相等。通常用 D_a 和 d_a 表示孔与轴的实际尺寸。

(4)提取圆柱面的局部尺寸(local size of an extracted cylinder)

要素上两对应点之间的距离。其中对应点之间的连线通过拟合圆圆心,横截面垂直于由提取表面得到的拟合圆柱面的轴线。

(5)两平行提取表面的局部尺寸(local size of two parallel extracted surfaces)

两平行对应提取表面上两对应点之间的距离。其中所有对应点的连线均垂直于拟合中心平面,拟合中心平面是由两平行提取表面得到的两拟合平行平面的中心平面(两拟合平行平面之间的距离可能与公称距离不同)。

(6)极限尺寸(limits of size)

尺寸要素允许(孔或轴允许)的尺寸有两个极端。

提取组成要素的局部尺寸应位于其中,也可达到极限尺寸。尺寸要素允许的最大尺寸,称为上极限尺寸(upper limit of size),也称为最大极限尺寸,孔用 D_{max} 表示,轴用 d_{max} 表示;尺寸要素允许的最小尺寸,称为下极限尺寸(lower limit of size),也称为最小极限尺寸,孔用 D_{min} 表示,轴用 d_{min} 表示。

合格零件的实际尺寸应位于两个极限尺寸之间,也可达到极限尺寸,可表示为:$D_{max} \geqslant D_a \geqslant D_{min}$(对于孔),$d_{max} \geqslant d_a \geqslant d_{min}$(对于轴)。

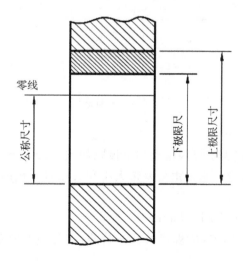

图 2-3　公称尺寸、上极限尺寸和下极限尺寸

4. 偏差与公差

(1)偏差(deviation)

某一尺寸(实际尺寸、极限尺寸等)减去基本尺寸所得的代数差。

最大极限尺寸减去其基本尺寸所得的代数差称上极限偏差,用代号 ES(孔)和 es(轴)表示;最小极限尺寸减去其基本尺寸所得的代数差称下极限偏差,用代号 EI(孔)和 ei(轴)表示。上偏差和下偏差统称为极限偏差。实际尺寸减去其基本尺寸所得的代数差称实际偏差。偏差可以为正值、负值和零。合格零件的实际偏差应在规定的极限偏差范围内。

(2)尺寸公差(简称公差)(size tolerance)

最大极限尺寸减最小极限尺寸之差,或上偏差减下偏差之差。它是允许尺寸的变动量。孔公差用 TH 表示,轴公差用 TS 表示。用公式可表示为:

$$T_D = |D_{max} - D_{min}| \text{ 或 } T_D = |ES - EI|$$
$$T_d = |d_{max} - d_{min}| \text{ 或 } T_d = |es - ei|$$

公差是用以限制误差的,工件的误差在公差范围内即为合格。也就是说,公差代表制造精度的要求,反映加工的难易程度。这一点必须与偏差区别开来,因为偏差仅仅表示与基本尺寸偏离的程度,与加工难易程度无关。

(3)零线(zero line)

在极限与配合图解中,标准基本尺寸的是一条直线,以其为基准确定偏差和公差。通常,零线沿水平方向绘制,正偏差位于其上,负偏差位于其下,如图 2-4 所示。

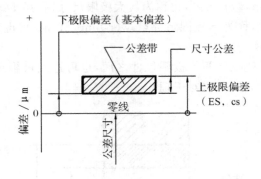

图 2-4 公差带图解

(4)公差带(tolerance zone)

在公差带图解中,由代表上极限偏差和下极限偏差或最大极限尺寸和最小极限尺寸的两条直线所限定的一个区域。它是由公差带大小和其相对零线的位置来确定的。如图 2-4 所示。

(5)标准公差(IT)(standard tolerance)

国家标准极限与配合制中,所规定的任一公差,称为标准公差。其中字母 IT 是"国标公差符号"。

设计时公差带的大小应尽量选择标准公差,可见公差带的大小已由国家标准化。

(6)基本偏差(fundamental deviation)

国家标准极限与配合制中,确定公差相对零线位置的那个极限偏差,称为基本偏差。它可以是上极限偏差或下极限偏差,一般为靠近零线的那个偏差,在图 2-4 中为下极限偏差。

5. 配合与基准制

(1)配合(fit)

基本尺寸相同,相互结合的孔与轴公差之间的关系,称为配合。所以配合的前提必须是基本尺寸相同,二者公差带之间的关系确定了孔、轴装配后的配合性质。

国家标准根据零件配合的松紧程度的不同要求,配合分为三类:

①间隙配合(clearance fit)

间隙是指孔的尺寸减去相配合的轴的尺寸之差为正。此时,孔的公差带在轴的公差带之上。

间隙配合是指具有间隙(包括最小间隙等于零)的配合。此时,孔的公差带在轴的公差带之上(见图 2-5)。

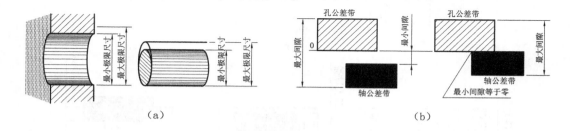

图 2-5　轴承座孔与轴间隙配合

配合是指一批孔、轴的装配关系,而不是单个孔和轴的相配关系,所以用公差带图解反映配合关系更确切。当孔为最大极限尺寸而轴为最小极限尺寸时,两者之差最大,装配后便产生最大间隙;当孔为最小极限尺寸而轴为最大极限尺寸时,两者之差最小,装配后产生最小间隙。

②过盈配合(interference fit)

过盈是指孔的尺寸减去相配合的轴的尺寸之差为负。此时,轴的公差带在孔的公差带上。

过盈配合是指具有过盈(包括最小过盈等于零)的配合。此时孔的公差带在轴的公差带之下(见图 2-6)。

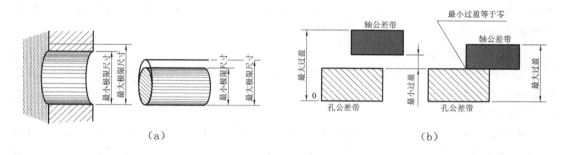

图 2-6　轴承座孔与衬套过盈配合

当孔为最小极限尺寸而轴为最大极限尺寸时,两者之差最大,装配后便产生最大过盈;当孔为最大极限尺寸而轴为最小极限尺寸时,两者之差最小,装配后产生最小过盈。

③过渡配合(transition fit)

可能具有间隙或过盈的配合,称为过渡配合。此时,孔的公差带与轴的公差带相互交叠(见图 2-7)。

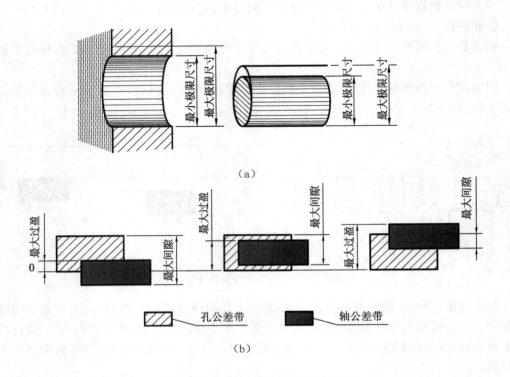

(a)

(b)

图 2-7　轴承座孔与衬套过渡配合

由于孔、轴的公差带相互交叠,因此既有可能出现间隙,也有可能出现过盈。

(2)配合公差(variation of fit)

组成配合的孔、轴公差之和。它是允许间隙或过盈的变动量。

对于间隙配合,配合公差等于最大间隙与最小间隙之代数差的绝对值;对于过盈配合,其值等于最大过盈与最小过盈之代数差的绝对值;对于过渡配合,其值等于最大间隙与最大过盈之代数差的绝对值。

(3)基准制(fit system)

同一极限制的孔和轴组成配合的一种制度。国家标准对配合制规定了两种形式:基孔制配合和基轴制配合。

①基孔制配合

基本偏差为一定的孔的公差带与不同基本偏差的轴的公差带形成各种配合的一种制度,称为基孔制。基孔制配合的孔为基准孔,代号为 H,国际规定基准孔的下偏差为零(图 2-8)。图 2-9 表示基孔制的几种配合示意图。

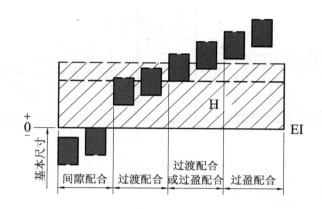

图 2-8　基孔制

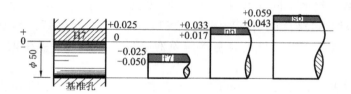

图 2-9　基孔制的几种配合示意图

②基轴制配合

基本偏差为一定的轴的公差带与不同基本偏差的孔的公差带形成各种配合的一种制度,称为基轴制。基轴制配合的轴为基准轴,代号为 h,国标规定基准轴的上偏差为零(图 2-10)。图 2-11 表示基轴制的几种配合示意图。

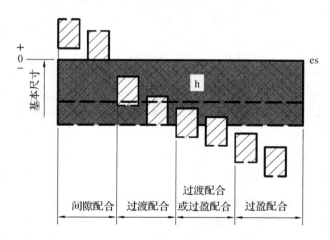

图 2-10　基轴制

在一般情况下,优先选用基孔制配合。如有特殊要求,允许将任一孔、轴公差带组成配合。

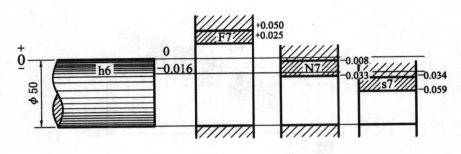

图 2-11　基轴制的几种配合示意图

2.1.2　标准公差系列

标准公差是国家标准极限与配合制中所规定的任一公差,它用于确定尺寸公差带的大小。国家标准按照不同的公称尺寸和不同的公差等级制订了一系列的标准公差数值。

根据公差系数等级的不同,GB/T 1800.1-2009 把公差等级分为 20 个等级,用 IT(ISO tolerance 的简写)加阿拉伯数字表示,例如:1T01,IT0,IT1,…,IT17。其中,IT01 最高,等级依此降低,IT18 最低。当其与代表基本偏差的字母一起组成公差带时,省略 1T 字母,如 h7。

极限与配合在基本尺寸至 500mm 内规定了 1T01,1T0,1T1 至 1T18 共 20 级,在基本尺寸 500～3150mm 内规定了 IT1 至 IT18 共 18 个标准公差等级。

公差等级越高,零件的精度也越高,但加工难度大,生产成本高;

公差等级越低,零件的精度也越低,但加工难度小,生产成本降低。

标准公差是由公差等级系数和公差单位的乘积决定。当公称尺寸≤500mm 的常用尺寸范围内,各公差等级的标准公差数值计算公式见表 2-1。

表 2-1　公称尺寸≤500mm 的标准公差数值计算公式

标准公差等级	计算公式	标准公差等级	计算公式	标准公差等级	计算公式
IT01	$0.3+0.008D$	IT6	$10i$	IT13	$250i$
IT0	$0.5+0.012D$	IT7	$16i$	IT14	$400i$
IT1	$0.8+0.02D$	IT8	$25i$	IT15	$640i$
IT2	$(IT1)(IT5/IT1)^{1/4}$	IT9	$40i$	IT16	$1000i$
IT3	$(IT1)(IT5/IT1)^{1/2}$	IT10	$64i$	IT17	$1600i$
IT4	$(IT1)(IT5/IT1)^{3/4}$	IT11	100	IT18	$2500i$
IT5	$7i$	IT12	$160i$		

当公称尺寸=500～3150mm 时的各级标准公差数值计算公式见表 2-2。

根据标准公差计算公式,每一基本尺寸都对应一个公差值。但在实际生产中基本尺寸很多,因而就会形成一个庞大的公差数值表,给生产带来不便,同时也不利于公差值的标准化和系列化。为了减少标准公差的数量,统一公差值,简化公差表格以便于实际应用,国家标准对基本尺寸进行了分段,可参考附录 A。尺寸分段后,对同一尺寸段内的所有基本尺寸,有相同的公差等级的情况下,规定相同的标准公差。

表 2-2　公称尺寸＝500～3150mm 的标准公差数值计算公式

标准公差等级	计算公式	标准公差等级	计算公式	标准公差等级	计算公式
IT01	I	IT6	10I	IT13	250I
IT0	$2^{1/2}$I	IT7	16I	IT14	400I
IT1	2I	IT8	25I	IT15	640I
IT2	(IT1)(IT5/IT1)$^{1/4}$	IT9	40I	IT16	1000I
IT3	(IT1)(IT5/IT1)$^{1/2}$	IT10	64I	IT17	1600I
IT4	(IT1)(IT5/IT1)$^{3/4}$	IT11	100I	IT18	2500I
IT5	7I	IT12	160I		

2.1.3　基本偏差系列

1. 基本偏差代号

基本偏差是指在国家标准极限与配合制中,确定公差带相对零线位置的那个极限偏差。它可以是上偏差或下偏差,一般为靠近零线的那个偏差。

为了形成不同的配合,国家标准对孔和轴分别规定了 28 种基本偏差。如图 2-12 所示,为基本偏差系列示意图;基本偏差代号:对孔用大写字母 A,…,ZC 表示;对轴用小写字母 a,…,zc 表示。其中,基本偏差 H 代表基准孔;h 代表基准轴。

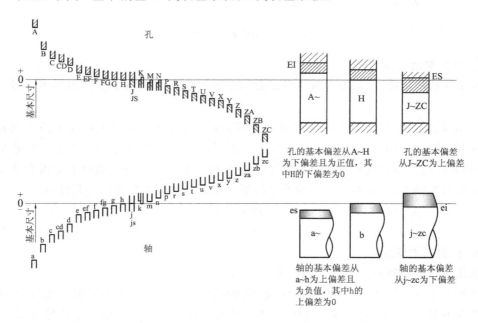

图 2-12　基本偏差系列

基本偏差在系列中具有以下特征:

(1) 对于孔:A～H 的基本偏差为下偏差 EI,其绝对值依次减小;J～ZC 的基本偏差为上偏差 ES,其绝对值依次增大;JS 的上、下偏差绝对值相等,均可称为基本偏差;对于轴:a～h 的基本偏差为上偏差 es,其绝对值依次减小;j～zc 的基本偏差为下偏差 ei,其绝对值逐渐增大;js 的上、下偏差绝对值相等,均可称为基本偏差。

（2）H 与 h 的基本偏差值均为零,但分别是下偏差和上偏差,即 H 表示 EI＝0,h 表示 es＝0。根据基准制规定,H 是基准孔基本偏差,组成的公差带为基准孔公差带,与其他轴公差带组成基孔制配合;h 是基准轴基本偏差,以它组成的公差带为基准轴公差带,它与孔公差带组成基轴制配合。

（3）JS(js)的上下偏差是对称的,上偏差值为＋IT/2,下偏差值为－IT/2,可不计较谁是基本偏差。J 和 j 则不同,它们形成的公差带是不对称的,当其与某些公差等级(高精度)组成公差带时,其基本偏差不是靠近零线的那一偏差。因其数值与 JS(js)相近,在图 2-13 中,这两种基本偏差代号放在同一位置。

（4）绝大多数基本偏差的数值不随公差等级变化,即与标准公差等级无关,但有少数基本偏差则与公差等级有关。

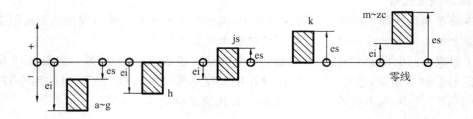

图 2-13　轴的基本偏差位置

2. 轴的基本偏差

在基孔制的基础上,根据大量科学试验和生产实践,国家标准制订了轴的基本偏差计算公式。

a～h 基本偏差为上偏差,与基准孔配合是间隙配合,最小间隙正好等于基本偏差的绝对值;j、k、m、n 的基本偏差是下偏差,与基准孔配合是过渡配合;j～zc 的基本偏差是下偏差,与基准孔配合是过盈配合。公称尺寸≤500mm 的轴的基本偏差数值表见附表 A-15。

得到基本偏差后,轴的另一个偏差是根据基本偏差和标准公差的关系计算:

$$es＝ei＋IT$$
$$ei＝es－IT$$

3. 孔的基本偏差

基孔制与基轴制是两种并行的制度。

如图 2-14 所示,代号为 A～G 的基本偏差皆为下偏差 EI＞0 为正值。代号为 H 的基本偏差为下偏差 EI＝0,它是基孔制中基准孔的基本偏差代号。基本偏差代号为 JS 的孔的公差带相对于零线对称分布,基本偏差可取为上偏差 ES＝＋T_h/2,也可取为下偏差 ES＝－T_h/2。代号 J～ZC 的基本偏差皆为上偏差 ES。

孔的基本偏差数值则是由轴的基本偏差数值转换而得。换算原则是:在孔、轴同级配合或孔比轴低一级的配合中,基轴制配合中孔的基本偏差代号与基孔制配合中轴的基本偏差代号相当时(如φ80G7/h6 中孔的基本偏差 G 对应于φ80H6/g7 中轴的基本偏差 g),应该保证基轴制和基孔制的配合性质相同(极限间隙或极限过盈相同)。

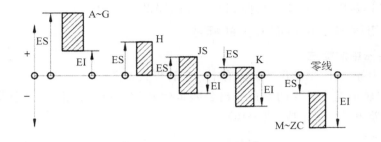

图 2-14   孔的基本偏差位置

国家标准应用了下列两种规则:通用规则和特殊规则。通用规则指标准公差等级无关的基本偏差用倒像方法,孔的基本偏差与轴的基本偏差关于零线对称。特殊规则指与标准公差等级有关的基本偏差,倒像后要经过修正,即孔的基本偏差和轴的基本偏差符号相反,绝对值相差一个 Δ 值。可以用下面的简单表达式说明。

通用规则:ES＝－ei 或 EI＝－es

特殊规则:ES＝－ei＋Δ;Δ＝ITn－IT(n－1)

通用规则适用于所有的基本偏差,但以下情况例外:

(1)公称尺寸＝3～500mm,标准公差等级大于 IT8 的孔的基本偏差 N,其数值(ES)等于零。

(2)公称尺寸＝3～500mm 的基孔制或基轴制配合中,给定某一公差等级的孔要与更精一级的轴相配(如 H7/p6 和 P7/h6),并要求具有相等的间隙或过盈。此时,应采用特殊规则。

GB/T 1800.1-2009 规定的公称尺寸≤500mm 孔的基本偏差数值见附表 2-16 所示。

4. 尺寸公差表查法介绍

根据孔和轴的基本尺寸、基本偏差代号及公差等级,可以从表中查得标准公差及基本偏差数值,从而计算出上、下偏差数值及极限尺寸。计算公式为:ES＝EI＋IT 或 EI＝ES－IT;ei＝es－IT 或 es＝ei＋IT。

【**例 2-1**】 已知某轴 ϕ50f7,查表计算其上、下偏差及极限尺寸。

从附表 A-14 查得:标准公差 IT7 为 0.025,从附表 A-15 查得上偏差 es 为－0.025,则下偏差 ei＝es－IT＝－0.050。

依据查得的上、下偏差可计算其极限尺寸如下:

最大极限尺寸＝50－0.025＝49.975

最小极限尺寸＝50－0.050＝49.950

【**例 2-2**】 已知某孔 ϕ30K7,查表计算其上、下偏差及极限尺寸。

从附表 A-14 查得:标准公差 IT7 为 0.021,从附表 A-16 查得上偏差 ES＝(－2＋Δ) μm,其中 Δ＝8μm,所以 ES＝0.006,则 EI＝ES－IT＝－0.015。

计算其极限尺寸:最大极限尺寸＝30＋0.006＝30.006

最小极限尺寸＝30－0.015＝29.985

如果是基准孔的情况,如 ϕ50H7,因为其下偏差 EI 为 0,根据公式 ES＝EI＋IT,从附表 A-14 中查得 IT＝25μm,即得 ES＝0.025。若是基准轴如 ϕ50h6,因为其上偏差 es 为 0,由公式 ei＝es－IT，从附表 A-14 中查得 IT＝16μm，即得 ei＝－0.016。

2.1.4 极限与配合在图样上的标注

1. 在零件图中的标注

在零件图中标注孔、轴的尺寸公差有下列三种形式：

（1）在孔或轴的基本尺寸的右边注出公差带代号（图 2-15）。孔、轴公差带代号由基本偏差代号与公差等级代号组成（图 2-16）。

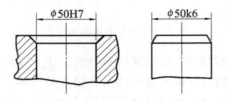

图 2-15 标注公差带代号

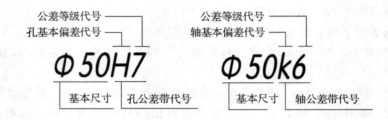

图 2-16 公差带代号的型式

（2）在孔或轴的基本尺寸的右边注出该公差带的极限偏差数值图 2-17（b），上、下偏差的小数点必须对齐，小数点后的位数必须相同。当上偏差或下偏差为零时，要注出数字"0"，并与另一个偏差值小数点前的一位数对齐（图 2-17（a））。

若上、下偏差值相等，符号相反时，偏差数值只注写一次，并在偏差值与基本尺寸之间注写符号"±"，且两者数字高度相同（图 2-17（c））。

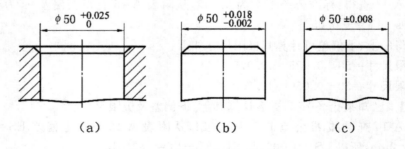

图 2-17 标注极限偏差数值

（3）在孔或轴的基本尺寸的右边同时注出公差带代号和相应的极限偏差数值，此时偏差数值应加上圆括号（图 2-18）。

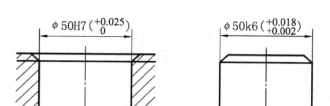

图 2-18 标注公差带代号和极限偏差数值

2. 装配图中的标注

装配图中一般标注配合代号,配合代号由两个相互结合的孔或轴的公差带代号组成,写成分数形式,分子为孔的公差带代号,分母为轴的公差带代号。

图 2-19 中 $\phi 50H7/k6$ 的含义为:基本尺寸 $\phi 50$,基孔制配合,基准孔的基本偏差为 H,等级为 7 级;与其配合的轴基本偏差为 k,公差等级为 6 级,图 2-19 中 $\phi 50h8/h7$ 是基轴制配合。

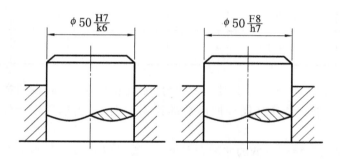

图 2-19 装配图中一般标注方法

2.1.5 线性尺寸的未注公差(一般公差)

一般公差是指在车间普通工艺条件下机床设备一般加工能力可保证的公差。在正常维护和操作情况下,它代表车间的一般加工的经济加工精度。

采用一般公差的优点如下:

(1)简化制图,使图面清晰易读。

(2)节省图样设计时间,提高效率。

(3)突出了图样上注出公差的尺寸,这些尺寸大多是重要的且需要加以控制的。

(4)简化检验要求,有助于质量管理。

一般公差适用于以下线性尺寸:

(1)长度尺寸:包括孔、轴直径、台阶尺寸、距离、倒圆半径和倒角尺寸等。

(2)工序尺寸。

(3)零件组装后,再经过加工所形成的尺寸。

GB/T1804-2000 国标对线性尺寸的未注公差规定了 4 个公差等级:精密级、中等级、粗糙级和最粗级,分别用字母 f、m、c 和 v 来表示。而对尺寸也采用了大的分段,这 4 个公差等级相当于 IT12、T14、IT16、IT17，如表 2-3 所示。

表 2-3　线性尺寸的极限偏差数值　　　　　　　　　　（mm）

公差等级	基本尺寸分段							
	0.5～3	>3～6	>6～30	>30～120	>120～400	>400～1000	>1000～2000	>2000～4000
精密 f	±0.05	±0.05	±0.1	±0.15	±0.2	±0.3	±0.5	—
中等 m	±0.1	±0.1	±0.2	±0.3	±0.5	±0.8	±1.2	±2
粗糙 c	±0.2	±0.3	±0.5	±0.8	±1.2	±2	±3	±4
最粗 v	—	±0.5	±1	±1.5	±2.5	±4	±6	±8

　　不论是孔和轴还是长度尺寸，其极限偏差都采用对称分布的公差带。

　　标准同时规定了倒圆半径与倒角高度尺寸的极限偏差，如表 2-4 所示。

表 2-4　倒圆半径和倒角高度尺寸的极限偏差数值　　　　（mm）

公差等级	基本尺寸分段			
	0.5～3	>3～6	>6～30	>30
精密 f 中等 m	±0.2	±0.5	±1	±2
粗糙 c 最粗 v	±0.4	±1	±2	±4

　　当采用一般公差时，在图样上只注基本尺寸，不注极限偏差，而在图样的技术要求或有关文件中，用标准号和公差等级代号做出总的说明。例如，当选用中等级 m 时，则表示为GB/T1804-m。

　　一般公差主要用于精度较低的非配合尺寸，一般可以不检验。当生产方和使用方有争议时，应以表中查得的极限偏差作为依据来判断其合格性。

【任务实践】

拉伸凸模零件尺寸精度测量

（1）实践内容

　　落料拉伸复合模中拉伸凸模是成形零件之一，是保证产品外形尺寸精度的关键零件。如图 2-20 所示，拉伸凸模的尺寸精度直接影响到产品质量。

　　识读零件图，使用游标卡尺、外径千分尺测量长度、直径的方法，检测凸模零件尺寸精度，判断其尺寸合格性。

（2）实践步骤

　　①首先将游标卡尺、外径千分尺测头、被测工件表面擦洗干净。

　　②校准零位。

　　③测量圆柱面时，两测量对应点的连线应通过工件直径，选取轴面多处截面进行测量（图 2-21），并反复几次，去平均值，得出测量结果。

　　④测量完毕后将测量工具复位，整理好放回盒内。

（3）检测报告

　　检测报告如表 2-5 所示，将测量数据填入其中，并进行数据处理。

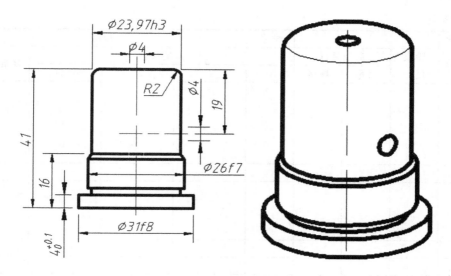

图 2-20 拉伸凸模零件图

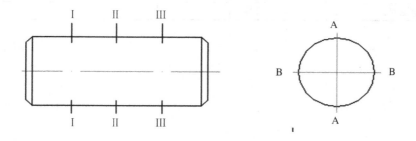

图 2-21 测量示意图

表 2-5 凸凹模零件尺寸精度检测报告

零件名称				学号		成绩		
测量内容	验收尺寸	选用量具		测量数据				合格性判断
		名称	规格	X_1	X_1	X_1	平均值	
23.97h3								
126f7								

续表 2-5

零件名称				学号		成绩		合格性判断
测量内容	验收尺寸	选用量具		测量数据				
		名称	规格	X_1	X_1	X_1	平均值	
$131f8$								
41								
16								
19								
合格性结论				理由				
检测员				日期		审阅		

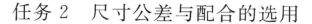

任务 2　尺寸公差与配合的选用

【任务目标】

1. 掌握国家标准《极限与配合》相关知识的使用。

2. 掌握模具设计零件尺寸、配合精度的选用与标注。

【相关知识】

2.2.1　基准制的选择

国家标准规定有基孔制与基轴制两种基准制度。两种基准制即可得到各种配合，又统一了基准件的极限偏差，从而避免了零件极限尺寸数目过多和不便制造等问题。选择基准制时，应从结构、工艺性及经济性几个方面综合考虑。

1. 优先选用基孔制

优先选用基孔制主要是从工艺上和宏观经济效益来考虑的。选用基孔制可以减少孔用定值刀具和量具的规格数目，有利于刀具、量具的标准化和系列化，具有较好经济性。

2. 选用基轴制情况

(1)在同一基本尺寸的轴上有不同配合要求，考虑到若轴为无阶梯的光轴则加工工艺性好(如发动机中的活塞销等)，此时采用基轴制配合。

例如，图 2-22(a)所示的活塞部件，活塞销 1 的两端与活塞 2 应为过渡配合，以保证相对静止；活塞销 1 的中部与连杆 3 应为间隙配合，以保证可以相对转动，而活塞销各处的基本尺寸相同，这种结构就是同一基本尺寸的轴与多孔相配，且要求实现两种不同的配合。若按一般原则采用基孔制配合，则活塞销要做成两头大、中间小的台阶形，如图 2-22(b)所示。这样不仅给制造上带来困难，而且在装配时，也容易刮伤连杆孔的工作表面。如果改用基轴制配合，则活塞销就是一根光轴，而活塞 2 与连杆 3 的孔按配合要求分别选用不同的公差带(例如 $\phi M6$ 和 $\phi 30H6$)，以形成适当的过渡配合($\phi 30M6/h5$)和间隙配合($\phi 30H6/h5$)，其尺寸公差带如图 2-22(c)所示。

(2)直接使用有公差等级要求不高，不再进行机械加工的冷拔钢材(这种钢材是按基准轴的公差带制造)做轴。在这种情况下，当需要各种不同的配合时，可选择不同的孔公差带位置来实现。这种情况应用在农业机械、纺织机械、建筑机械等使用的长轴。

(3)加工尺寸小于 1mm 的精密轴比同级孔要困难，因此在仪器制造、钟表生产、无线电工程中，常使用经过光轧成形的钢丝直接做轴，这时采用基轴制较经济。

3. 与标准件配合

与标准件或标准部件配合的孔或轴，应以标准件为基准件来确定采用基孔制还是基轴制。例如，滚动轴承的外圈与壳体孔的配合应采用基轴制，而其内圈与轴径的配合则是基轴制。

4. 允许采用非基准制配合

非基准制配合是指相配合的孔和轴，孔不是基准孔 H 轴也不是基准轴 h 的配合。最为典型的是轴承盖与轴承座孔的配合。

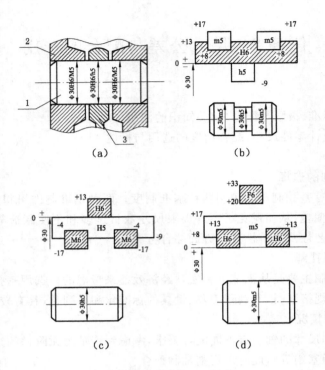

1-活塞销　2-活塞　3-连杆

图 2-22　活塞、连杆和活塞销配合制选择

如图 2-23 所示,在箱体孔中装配有滚动轴承和轴承盖,有滚动轴承是标准件,它与箱体孔的配合是基轴制配合,箱体孔的公差带已由此而确定为 J7,这时如果轴承盖与箱体孔的配合坚持用基轴制,则配合为 J/h,属于过渡配合。但轴承盖需要经常拆卸,显然应该采用间隙配合,同时考虑到轴承盖的性能要求和加工的经济性,轴承盖配合尺寸采用 9 级精度,最后选择轴承盖与箱体孔的配合为 J7/e9。

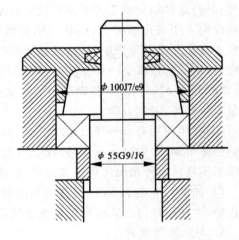

图 2-23　非基准制配合

2.2.2　公差等级的选择

我们已经知道公差等级的高低代表了加工的难易程度,因此确定公差等级就是确定加工尺寸的制造精度。合理地选择公差等级,就是要解决机械零件、部件的使用要求与制造工艺成本之间的矛盾。确定公差等级的基本原则是,在满足使用要求的前提下,尽量选用较低的公差等级。

公差等级的选用一般采用类比法,也就是参考从生产实践中总结出来的经验资料,进行比较选用。选择时应考虑以下几个方面:

1. 孔和轴的工艺等价性

孔和轴的工艺等价性是指孔和轴加工难易程度应相同。在常用尺寸段内,对间隙配合和过渡配合,孔的公差等级高于或等于IT8级时,轴比孔应高一级,如 H8/g7,H7/n6。当孔的精度低于IT8级时,孔和轴的公差等级应取同一级,如 H9/d9。对过盈配合,孔的公差等级高于或等于IT7级时,轴应比孔高一级,如 H7/p6,而孔的公差等级低于IT7级时,孔和轴的公差等级应取同一级,如 H8/s8。这样可以保证孔和轴的工艺等价性。实践中也允许任何等级的孔、轴组成配合。

2. 相关件和配合件的精度

例如,齿轮孔与轴的配合,它们的公差等级取决于相关件齿轮的精度等级。与滚动轴承配合的轴径和外壳孔的精度等级取决于滚动轴承的精度等级。

3. 加工成本

要掌握各种加工方法能够达到的精度等级,结合零件加工工艺综合考虑选择公差等级。各种加工方法能够达到的公差等级如表 2-6,可供设计时参考。

表 2-6　各种加工方法的加工精度

加工方法	公差等级(IT)																		
	01	0	1	2	3	4	5	6	7	8	9	10	11	12	13	14	15	16	17	18
研磨	●	●	●	●	●	●	●												
珩磨						●	●	●	●										
圆磨							●	●	●										
平磨							●	●	●	●									
金刚石车							●	●	●										
金刚石镗							●	●	●										
拉削							●	●	●										
铰孔								●	●	●	●	●							
车								●	●	●	●	●							
镗								●	●	●	●	●							
铣									●	●	●								
刨、插												●	●						
钻削												●	●	●	●				
滚压、挤压												●	●						
冲压												●	●	●	●	●			
压铸													●	●	●	●			
粉末冶金成形								●	●	●									
粉末冶金烧结									●	●	●	●							

续表 2-6

加工方法	公差等级（IT）																		
	01	0	1	2	3	4	5	6	7	8	9	10	11	12	13	14	15	16	17	18
砂型铸造																		●	●	●
锻造																	●	●		

我们应该结合工件的加工方法根据该加工方法的经济加工精度确定公差等级。

应熟悉常用尺寸公差等级的应用，见表 2-7 所示。

表 2-7　公差等级的应用

应用	公差等级（IT）																		
	01	0	1	2	3	4	5	6	7	8	9	10	11	12	13	14	15	16	17	18
量块	●	●	●																	
量规				●	●	●	●	●	●											
配合尺寸							●	●	●	●	●	●	●	●	●					
特别精密的配合				●	●	●	●													
非配合尺寸														●	●	●	●	●	●	●
原材料尺寸										●	●	●	●	●	●	●	●	●	●	●

2.2.3　配合精度的确定

配合的选用就是要解决结合零件孔与轴在工作时的相互关系，以保证机器正常工作。在设计中，应根据使用要求，尽量选用优先配合和常用配合，如不能满足要求，可选用一般用途的孔、轴公差带组成配合。甚至当特殊要求时，可以从标准公差和基本偏差中选取合适的孔、轴公差带组成配合。

1. 配合性质的判别及应用

基孔制：基孔制配合的孔是 H，a～h 与 H 形成间隙配合；j 和 js 与 H 形成过渡配合；k～n 与 H 形成过渡配合或过盈配合；p～zc 和 H 形成过盈配合或过渡配合。

例如：ϕ50H8/f7 是间隙配合，ϕ40H7/n6 是过渡配合，ϕ30H7/r6 是过盈配合。

基轴制：基准制配合的轴是 h，A～H 与 h 形成间隙配合；J 和 JS 与 h 形成过渡配合；K～N 与 h 形成过渡配合或过盈配合；P～ZC 和 h 形成过盈配合或过渡配合。

例如：E8/h8 是间隙配合；M7/h6 是过渡配合；P7h6 是过盈配合。

对于非基准制配合，主要根据相配合的孔和轴的基本偏差判别起配合性质。如 ϕ40J7/f9，J 的基本偏差是上偏差是正值，而 f 的基本偏差是上偏差是负值，据此基本上就可判定孔的公差带在轴的公差带以上，所以该配合是间隙配合。

2. 配合特征及其应用

当选定配合之后，需要按工作条件，并参考机器或机构工作时结合件的相对位置状态、承载情况、润滑条件、温度变化、配合的重要性、装卸条件以及材料的物理机械性能等，根据具体条件，对配合的间隙或过盈的大小进行修正，参考表 2-8，表 2-9。

表 2-8　常用轴的基本偏差选用说明

配合	基本偏差	特征及应用
间隙配合	a、b	可得到特别大的间隙,应用很少
	c	可得到很大的间隙,一般用于缓慢、松弛的动配合,以及工作条件较差(如农业机械),受力变形,或为了便于装配,而必须保证有较大间隙的地方
	d	一般用于 IT7～IT11 级,适用于松的转动配合,如密封盖、滑轮等与轴的配合,也适用于大直径滑动轴承配合
	e	多用于 IT7～IT9 级,通常用于要求有明显间隙,易于转动的轴承配合,如大跨距轴承,多支点轴承等配合;高等级的 e 轴,适用于高速重载支承
	f	多用于 IT6～IT8 级的一般转动配合,当温度影响不大时,广泛用于普通润滑油润滑的支承,如齿轮箱、小电动机、泵等的转轴与滑动轴承的配合
	g	间隙很小,制造成本高,除很轻负荷的精密装置外,不推荐用于转动配合。多用于 IT5、6、7 级,最适合不回转的精密滑动配合
	h	多用于 IT4～IT11 级,广泛用于无相对转动的零件,作为一般的定位配合。若无温度、变形影响,也用于精密滑动配合
过渡配合	js	偏差完全对称,平均间隙较小,多用于 IT4～IT7 级,要求间隙比 h 轴小,并允许略有过盈的配合,如联轴节,齿圈与钢制轮毂,可用木槌装配
	k	平均间隙接近于零的配合,适用于 IT4～IT7 级,推荐用于稍有过盈的定位配合,一般用木槌装配
	m	平均过盈较小的配合,适用于 IT4～IT7 级,一般用木槌装配,但在最大过盈时,要求有相当的压入力
	n	平均过盈比 m 轴稍大,很少得到间隙,适用于 IT4～IT7 级,用锤或压力机装配,一般推荐用于紧密的组件配合,H6/n5 的配合为过盈配合
过盈配合	p	与 H6 或 H7 配合时是过盈配合,与 H8 配合时则为过渡配合。对非铁类零件,为较轻的压入配合,当需要时易于拆卸,对钢、铸铁,或铜钢组件装配是标准压入配合
	r	对铁类零件为中等打入配合,对非铁类零件,为轻打入的配合。当需要时可以拆卸,与 H8 孔配合,直径在 100mm 以上时为过盈配合,直径小时为过渡配合
	s	用于钢和铁制零件的永久、半永久装配,可产生相当大的结合力。当用弹性材料,如轻合金,配合性质与铁类零件的 p 轴相当,例如套环压装在轴上。尺寸较大时,为了避免损伤配合表面,需用热胀或冷缩装配
	t	过盈较大的配合。对钢和铸铁零件适于作永久性结合,不用键可传递力矩,需用热胀或冷缩装配,例如联轴节与轴的配合
	u	过盈大,一般应验算在最大过盈时,工件材料是否损坏,用热胀或冷缩装配,例如火车轮毂与轴的配合
	v、x、y、z	过盈很大,须经试验后才能应用,一般不推荐

表 2-9　优先配合选用说明

优先配合		说　　明
基孔制	基轴制	
$\dfrac{H11}{c11}$	$\dfrac{C11}{h11}$	间隙非常大,用于很松、转动很慢的间隙配合
$\dfrac{H9}{c9}$	$\dfrac{C9}{h9}$	间隙很大的自由转动配合,用于精度要求不高,或有大的温度变化、高转速或大的轴径压力时

续表 2-9

优先配合		说　明
基孔制	基轴制	
$\dfrac{H8}{f7}$	$\dfrac{F8}{h7}$	间隙不大的转动配合,用于中等转速与中等轴颈压力的精确转动,也用于装配较容易的中等定位配合
$\dfrac{H7}{g6}$	$\dfrac{G7}{h6}$	间隙很小的滑动配合,用于不希望自由转动,但可自由移动和滑动并精密定位时,也可用于要求明确的定位配合
$\dfrac{H7}{h6}$ $\dfrac{H8}{h7}$ $\dfrac{H9}{h9}$ $\dfrac{H11}{h11}$	$\dfrac{H7}{h6}$ $\dfrac{H8}{h7}$ $\dfrac{H9}{h9}$ $\dfrac{H11}{h11}$	均为间隙定位配合,零件可自由拆卸,而工作时,一般相对静止不动,在最大实体条件下的间隙为零,在最小实体条件下的间隙由标准公差决定
$\dfrac{H7}{k6}$	$\dfrac{K7}{h6}$	过渡配合,用于精密定位
$\dfrac{H7}{n6}$	$\dfrac{N7}{h6}$	过渡配合,用于允许有较大过盈的更精密定位
$\dfrac{H7}{p6}$	$\dfrac{P7}{h6}$	过盈定位配合,即小过盈配合,用于定位精度特别重要时,能以最好的定位精度达到部件的刚性及对中要求
$\dfrac{H7}{s6}$	$\dfrac{S7}{h6}$	中等压入配合,适用于一般钢件,或用于薄壁件的冷缩配合,用于铸铁件可得到最紧的配合
$\dfrac{H7}{u6}$	$\dfrac{U7}{h6}$	压入配合,适用于可以承受高压入力的零件,或不宜承受压入力的冷缩配合

3. 用类比法确定配合的松紧程度时应考虑的因素

(1)孔和轴的定心精度要求。相互配合的孔、轴定心精度要求高时,过盈量应大些,甚至采用小过盈配合。

(2)孔和轴的拆装要求。经常拆装零件的孔和轴的配合,要比不经常拆装零件的松些。有时,零件虽然不经常拆装,但如拆装困难,也要选用较松的配合。

(3)过盈配合中的受载情况。如用过盈配合传递转矩,过盈量应随着负载增大而增大。

(4)孔和轴工作时的温度。当装配温度与工作温度差别较大时,应考虑热变形对配合性质的影响。

(5)配合件的结合长度和形位误差。若配合的结合长度较长时,由于形状误差的影响,实际形成的配合比结合面短的配合要紧些,所以应适当减小过盈或增大间隙。

(6)装配变形。针对一些薄壁零件的装配,要考虑装配变形对配合性质的影响,乃至从工艺上解决装配变形对配合性质的影响。

(7)生产类型。单件小批生产时加工尺寸呈偏态分布,容易使配合偏紧;大批大量生产的加工尺寸呈正态分布。所以要区别生产类型对松紧程度进行适时调整。

(8)尽量采用优先配合。

表 2-10　工作情况对过盈和间隙的影响

具体情况	过盈应增大或减小	间隙应增大或减小
材料强度低	减小	—
经常拆卸	减小	—
有冲击载荷	增大	减小
工作时孔温高于轴温	增大	减小
工作时轴温高于孔温	减小	增大
配合长度增大	减小	增大
配合面形状和位置误差增大	减小	增大
装配时可能歪斜	减小	增大
旋转速度增高	减小	增大
有轴向运动	—	增大
润滑油黏度增大	—	增大
表面趋向粗糙	增大	减小
装配精度高	增大	减小

2.2.4　国标规定尺寸公差带与一般公差

从互换性生产和标准化着想,必须以标准的形式,对孔、轴配合作一定范围的规定,因此,我国《极限与配合》标准规定了相应的间隙配合、过盈配合和过渡配合这三类不同性质的配合,并对组成的配合的孔、轴公差带做出推荐。

1. 优先和常用的公差带

国家规定了孔、轴各有 20 个公差等级和 28 种基本偏差,由此理论上讲,可以得到轴的公差带 544 种(图 2-24),孔的公差带 543 种(图 2-25)。这么多的公差带如都应用,显然是不经济的,不利于实现互换性。

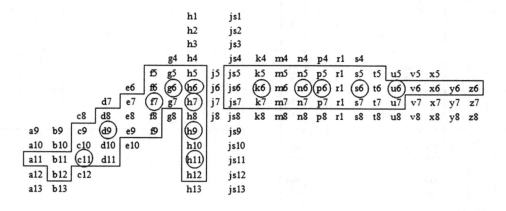

图 2-24　轴的一般、常用和优先公差带(基本尺寸)

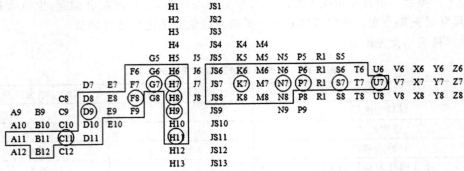

图 2-25 孔的一般、常用和优先公差带（基本尺寸）

因此，GB/T 1801-2009 对孔、轴规定了一般、常用和优先公差带。国标中列出了孔的一般公差带 105 种，其中常用公差带 44 种，在常用公差带中有优先公差带 13 种；轴的一般公差带 113 种，其中常用公差带 59 种，在常用公差带中有优先公差带 13 种。

选用公差带时，应按优先、常用、一般公差带的顺序选取。若一般公差带中没有满足要求的公差带，则按 GB/T 1800.2-2009 中规定的标准公差和基本偏差组成的公差带来选取。

2. 优先和常用配合

GB1801-2009 中还规定了基孔制常用配合 59 种、优先配合 13 种；基轴制常用配合 47 种，优先配合 13 种。选用配合时，应按优先、常用的顺序选取。如表 2-11。

表 2-11 基孔制优先、常用配合（基本尺寸）

基准孔	轴																				
	a	b	c	d	e	f	g	h	js	k	m	n	p	r	s	t	u	v	x	y	z
	间隙配合								过渡配合					过盈配合							
H6						$\frac{H6}{f5}$	$\frac{H6}{g5}$	$\frac{H6}{h5}$	$\frac{H6}{js5}$	$\frac{H6}{k5}$	$\frac{H6}{m5}$	$\frac{H6}{n5}$	$\frac{H6}{p5}$	$\frac{H6}{r5}$	$\frac{H6}{s5}$	$\frac{H6}{t5}$					
H7						$\frac{H7}{f6}$	$\frac{H7}{g6}$	$\frac{H7}{h6}$	$\frac{H7}{js6}$	$\frac{H7}{k6}$	$\frac{H7}{m6}$	$\frac{H7}{n6}$	$\frac{H7}{p6}$	$\frac{H7}{r6}$	$\frac{H7}{s6}$	$\frac{H7}{t6}$	$\frac{H7}{u6}$	$\frac{H7}{v6}$	$\frac{H7}{x6}$	$\frac{H7}{y6}$	$\frac{H7}{z6}$
H8					$\frac{H8}{e7}$	$\frac{H8}{f7}$	$\frac{H8}{g7}$	$\frac{H8}{h7}$	$\frac{H8}{js7}$	$\frac{H8}{k7}$	$\frac{H8}{m7}$	$\frac{H8}{n7}$	$\frac{H8}{p7}$	$\frac{H8}{r7}$	$\frac{H8}{s7}$	$\frac{H8}{t7}$	$\frac{H8}{u7}$				
				$\frac{H8}{d8}$	$\frac{H8}{e8}$	$\frac{H8}{f8}$		$\frac{H8}{h8}$													
H9			$\frac{H9}{c9}$	$\frac{H9}{d9}$	$\frac{H9}{e9}$	$\frac{H9}{f9}$		$\frac{H9}{h9}$													
H10			$\frac{H10}{c10}$	$\frac{H10}{d10}$				$\frac{H10}{h10}$													
H11	$\frac{H11}{a11}$	$\frac{H11}{b11}$	$\frac{H11}{c11}$	$\frac{H11}{d11}$				$\frac{H11}{h11}$													
H12		$\frac{H12}{b12}$						$\frac{H12}{h12}$													

注 1：$\frac{H6}{n5}$、$\frac{H7}{p6}$ 在公称尺寸小于或等于 3 mm 和 $\frac{H8}{r7}$ 在小于或等于 100 mm 时，为过渡配合。

注 2：标注 ▶ 的配合为优先配合。

表 2-12　基轴制优先、常用配合(基本尺寸)

基准轴	孔																				
	A	B	C	D	E	F	G	H	JS	K	M	N	P	R	S	T	U	V	X	Y	Z
	间隙配合								过渡配合				过盈配合								
h5						$\frac{F6}{h5}$	$\frac{G6}{h5}$	$\frac{H6}{h5}$	$\frac{JS6}{h5}$	$\frac{K6}{h5}$	$\frac{M6}{h5}$	$\frac{N6}{h5}$	$\frac{P6}{h5}$	$\frac{R6}{h5}$	$\frac{S6}{h5}$	$\frac{T6}{h5}$					
h6						$\frac{F7}{h6}$	$\frac{G7}{h6}$	$\frac{H7}{h6}$	$\frac{JS7}{h6}$	$\frac{K7}{h6}$	$\frac{M7}{h6}$	$\frac{N7}{h6}$	$\frac{P7}{h6}$	$\frac{R7}{h6}$	$\frac{S7}{h6}$	$\frac{T7}{h6}$	$\frac{U7}{h6}$				
h7					$\frac{E8}{h7}$	$\frac{F8}{h7}$		$\frac{H8}{h7}$	$\frac{JS8}{h7}$	$\frac{K8}{h7}$	$\frac{M8}{h7}$	$\frac{N8}{h7}$									
h8				$\frac{D8}{h8}$	$\frac{E8}{h8}$	$\frac{F8}{h8}$		$\frac{H8}{h8}$													
h9				$\frac{D9}{h9}$	$\frac{E9}{h9}$	$\frac{F9}{h9}$		$\frac{H9}{h9}$													
H10				$\frac{D10}{h10}$				$\frac{H10}{h10}$													
H11	$\frac{A11}{h11}$	$\frac{B11}{h11}$	$\frac{C11}{h11}$	$\frac{D11}{h11}$				$\frac{H11}{h11}$													
H12		$\frac{B12}{h12}$						$\frac{H12}{h12}$													

注:标注▶的配合为优先配合。

公差与配合的选择是机械设计与制造中重要环节。公差与配合的选择是否恰当,对产品的性能、质量、互换性和经济性有着重要的影响。其内容包括选择基准制、公差等级和配合种类三个方面。选择的原则是在满足要求的条件下能获得最佳的技术经济效益。选择的方法有计算法、试验法和类比法。一般使用的方法是类比法。

计算法是按一定的理论和公式,通过计算确定公差与配合,其关键是要确定所需间隙或过盈。由于机械产品的多样性与复杂性,因此理论计算是近似的,目前只能作为重要的参考。

试验法就是通过专门的试验或统计分析来确定所需的间隙或过盈。用试验法选取配合最为可能,但成本较高,故一般只用于重要的、关键性配合的选取。

类比法是以经过生产验证的,类似的机械、机构和零部件为参考,同时考虑所设计机器的使用条件来选取公差与配合,也就是凭经验来选取公差与配合。类比法一直是选择公差与配合的主要方法。

【任务实践】

凸凹模尺寸公差与配合关系选用标注。

（1）实践内容

落料拉伸复合模具设计中,模具的主要零件尺寸精度与配合选用,直径影响到生产成品的进度质量。如图 2-26 所示,凸凹模固定板 X1 与凸凹模尺寸 X2,为相互配合关系,其基本尺寸 52mm。

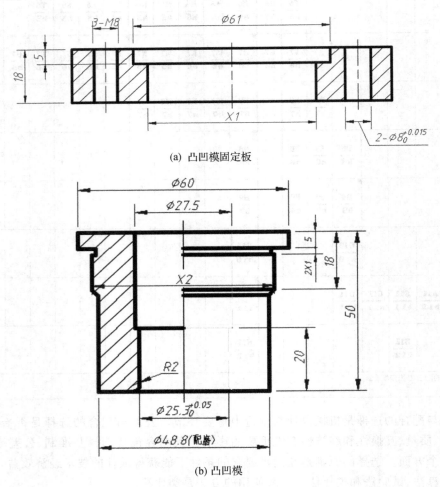

(a) 凸凹模固定板

(b) 凸凹模

图 2-26　凸凹模尺寸公差与配合

根据冷冲模具设计工艺要求,确定凸凹模与固定板间的配合关系及尺寸公差要求。

（2）实践步骤

①确定基准制,优先选用基孔制。

②确定公差等级,根据国家标准中优先选用孔公差,暂定孔尺寸公差为 $\phi52H7$。

③确定配合关系,凸凹模与固定板间配合的工作关系,选用间隙配合。根据孔和轴的工艺等价性,暂定轴尺寸公差为 $\phi52f6$。

④校验,凸凹模的配合公差 $\phi52f6/H7$,满足使用要求。

（3）尺寸标注

按照尺寸公差标注要求,分别在凸凹模与凸凹模固定板上标注公差(图 5-27、图 5-28)

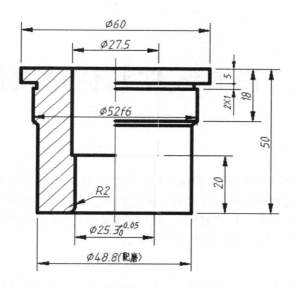

图 2-27　凸凹模标注

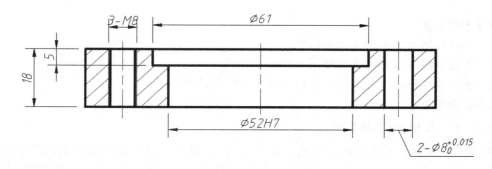

图 2-28　凸凹模固定板标注

【拓展训练】

（1）根据表 2-13 给出的数据求空格中应有的数据，并填入空格内

表 2-13　拓展训练数据表格

基本尺寸	孔			轴			配合关系	基准制度
	ES	EI	TS	es	ei	Ts		
		0	0.013	−0.041		0.021		
		0	0.019	+0.012		0.010		
	−0.025		0.025	0	−0.016			

（2）设某配合的孔径为 $\phi[25](+0.080) \sim (+0.142)$mm，轴径为 $\phi[45](-0.039) \sim$ 0mm，试分别计算其极限间隙（或过盈）及配合公差，画出其尺寸公差带及配合公差带图。

第3章 模具零件几何精度的检测

【项目导读】

零件在加工过程中由于受各种因素的影响,不可避免会产生几何量误差(形状和位置误差),形位误差对模具的使用功能和寿命具有重要影响。模具设计必须要掌握零件几何精度的检测和使用知识与技能实操相互贯通。项目通过零件几何精度的检测学习,掌握几何量公差的国家标准,对零件几何精度控制有一定认识。

任务1 图样上几何量公差的解读

【任务目标】

1. 了解几何量公差相关知识内容。

2. 能够掌握国家标准资料使用。

3. 掌握零件形位误差的检测方法并能评价零件的合格性。

【相关知识】

3.1.1 几何量公差概念

零件的形位误差对机器的工作精度和使用寿命,都会造成直接不良影响,特别是在高速、重载等工作条件下,这种不良影响更为严重。然而在实际生产中,制造绝对理想、没有任何几何误差的零件,是既不可能也无必要的。

为了保证零件的使用要求和零件的互换性,实现零件的经济性制造,必须对形位误差加以控制,规定合理的几何公差。

近年来根据科学技术和经济发展的需要,按照与国际标准接轨的原则,我国对几何公差国家标准进行了几次修订,主要内容包括:GB/T1182-2008《产品几何技术规范(GPS)几何公差形状、方向、位置和跳动公差标注》,GB/T16671-2009《产品几何技术规范(GPS)几何公差最大实体要求、最小实体要求和可逆要求》,GB/T 1958-2004《产品几何技术规范(GPS)形状和位置公差检测规定》等。

1. 几何要素

形位公差的研究对象是零件的几何要素,就是零件几何要素本身的形状精度和有关要素之间相互的位置精度问题。零件几何要素由点、线、面构成。具体包括点(圆心、球心、中心点、交点)、线(素线、曲线、轴线、中心线、引线)、面(平面、曲面、圆柱面、圆锥面、球面、中心平面)等,如图3-1所示零件的球心、锥顶,圆柱面和圆锥面的素线、轴线,球面、圆柱面和圆锥面。

零件的几何要素可按不同方式分类。

（1）按存在状态分

实际要素：指零件实际存在的要素，通常用测量得到的要素代替。

理想要素：指具有几何意义的要素，它们不存在任何误差。机械零件图样表示的要素均为理想要素。

（2）按功能关系分

单一要素：指仅对要素自身提出功能要求而给出形状公差的要素。

关联要素：指相对基准要素有功能要求而给出位置公差的要素。

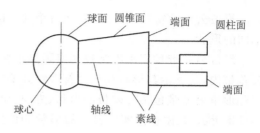

图 3-1 零件的几何要素

（3）按结构特征分

轮廓要素：指构成零件外形的点、线、面各要素，即零件外轮廓。

中心要素：指轮廓要素对称中心所表示的点、线、面各要素，实际存在，却无法直接看到。

（4）按作用分

被测要素：指有几何公差要求的要素。被测要素是零件需要研究和测量的对象。

基准要素：指用来确定被测要素的方向和位置的要素。

2．形位公差的种类

GB/T1182-2008 国家标准《产品几何技术规范（GPS）几何公差形状、方向、位置和跳动公差标注》规定，形位公差分为两大类，形状公差和位置公差，如表 3-1 所示。

表 3-1 形位公差特征项目及符号

公　差		特征项目	符号	有或无基准要求	公差		特征项目	符号	有或无基准要求
形状	形状	直线度	——	无	位置	定向	平行度度	//	有
		平面度	▱	无			垂直度	⊥	有
		圆度	○	无			倾斜度	∠	有
		圆柱度	⌀	无		定位	位置度	⊕	有或无
形状或位置	轮廓	线轮廓度	⌒	有或无			同轴（同心）度	◎	有
							对称度	═	有
		面轮廓度	⌓	有或无		跳动	圆跳动	↗	有
							全跳动	↗↗	有

形状公差：单一实际要素的形状所允许的变动全量。

位置公差：关联实际要素的位置对基准所允许的变动全量。

标准中，将位置公差又分为定向、定位，跳动 3 种，分别是关联实际要素对基准在方向上、位置上和回转时所允许的变动范围。

形位公差的特征项目较多,而每个项目的具体要求不同,形位公差带的形状也就有各种不同的形状。

形位公差带是用来限制被测实际要素变动的区域,只要被测实际要素完全落在给定的公差带内,就表示其形状和位置符合设计要求。

形位公差带包括公差带的形状、方向、位置、大小 4 个要素。形位公差的公差带形状如图 3-2 所示,是由被测实际要素的形状和位置公差各项目的特征来决定的。公差带的大小是由公差值确定的,指的是公差带的宽度或直径。

形位公差带的方向和位置有两种情况:公差带的方向或位置可以随实际被测要素的变动而变动,没有对其他要素保持一定几何关系的要求,这时公差带的方向或位置是浮动的;若形位公差带的方向或位置必须和基准要素保持一定的几何关系,则称为是固定的。

所以,位置公差(标有基准)的公差带的方向和位置一般是固定的,形状公差(未标基准)的公差带的方向和位置一般是浮动的。

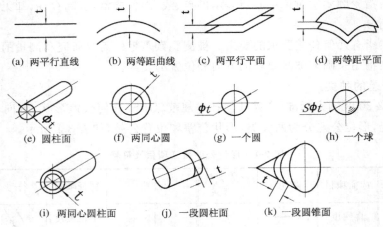

(a) 两平行直线　　(b) 两等距曲线　　(c) 两平行平面　　(d) 两等距平面

(e) 圆柱面　　(f) 两同心圆　　(g) 一个圆　　(h) 一个球

(i) 两同心圆柱面　　(j) 一段圆柱面　　(k) 一段圆锥面

图 3-2　形位公差带的主要形状

3. 基准

基准有基准要素和基准之分。零件上用来建立基准并实际起基准作用的实际要素称为基准要素。用以确定被测要素方向或者位置关系的公差理想要素称为基准。基准可以是组成要素(轮廓要素)或导出要素(中心要素);基准要素只能是组成要素。

基准可由零件上的一个或多个要素构成。基准在图样的标注用英文大写字母(如 A、B、C)表示,水平写在基准方格内,与一个涂黑的或空白的三角形相连,涂黑和空白基准三角形含义相同,如图 3-3 所示。

基准有三种类型:单一基准、公共基准和基准体系。

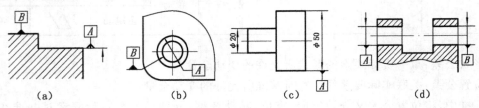

(a)　　　　　(b)　　　　　(c)　　　　　(d)

图 3-3　基准标注

（1）单一基准：是指仅以一个要素（如一个平面或一条直线）作为确定被测要素方向或位置的依据称为单一基准。

（2）公共基准：是指将两个或两个以上要素组合作为一个独立的基准，称为公共基准或组合基准，如两个平面或两条直线（或两条轴线）组合成一个公共平面或一条公共直线（或公共轴线）作为基准。

（3）基准体系：是指由三个互相垂直的基准平面组成的基准体系，它的三个平面是确定和测量零件上各要素几何关系的起点。

3.1.2 形位公差及公差带分析

1. 形状公差及公差带

形状公差有 4 个项目：直线度、平面度、圆度和圆柱度。被测要素有直线、平面和圆柱面。形状公差不涉及基准，形状公差带的方位可以浮动，只能控制被测要素的形状误差。

（1）直线度

直线度是表示零件上的直线要素实际形状保持理想直线的状况，即平直程度（表 3-2）。

直线度公差是实际直线对理想直线所允许的最大变动量，也就是用以限制实际直线加工误差所允许的变动范围。

表 3-2　直线度

公差特征及符号	公差带的定义	标注和解释
直线度　—	在给定平面内，公差带是距离为公差值 t 的两平行直线之间的区域 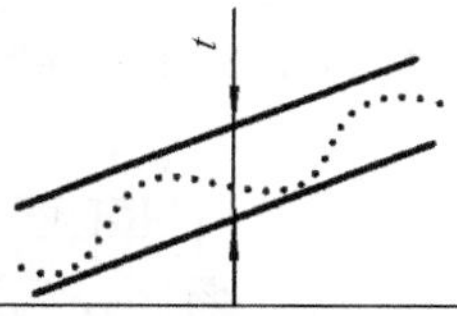	被测表面的素线必须位于平行于图样所示投影面且距离为公差值 0.1 的两平行直线内 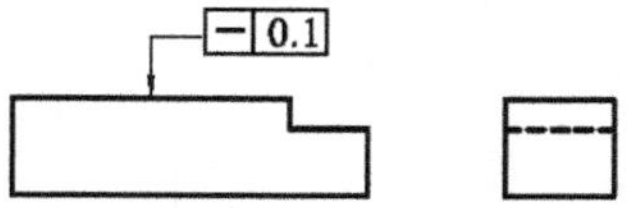
	在给定方向上公差带是距离为公差值 t 的两平行平面之间的区域 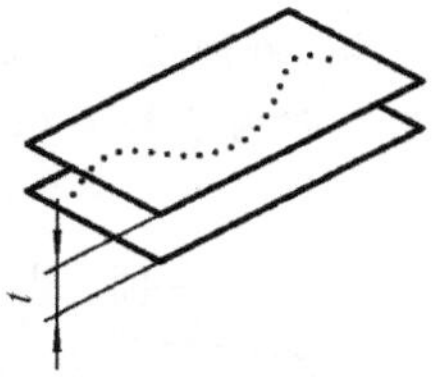	被测圆柱面的任一素线必须位于距离为公差值 0.1 的两平行平面之内 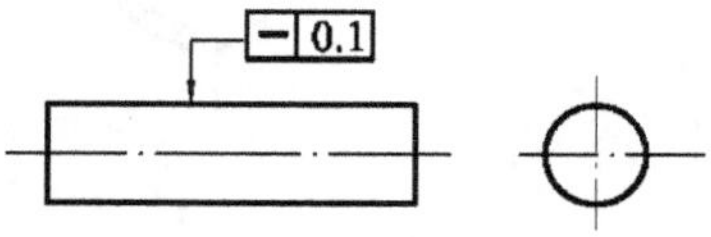
	如在公差值前加注 φ，则公差带是直径为 t 的圆柱面内的区域 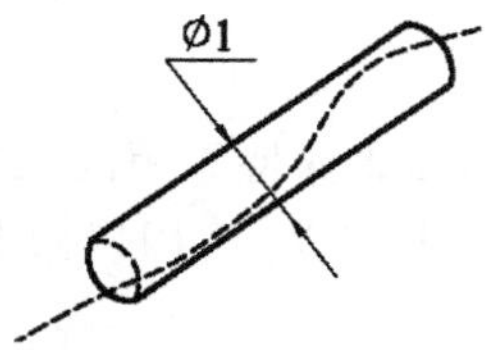	被测圆柱面的轴线必须位于直径为公差值 φ0.08 的圆柱面内 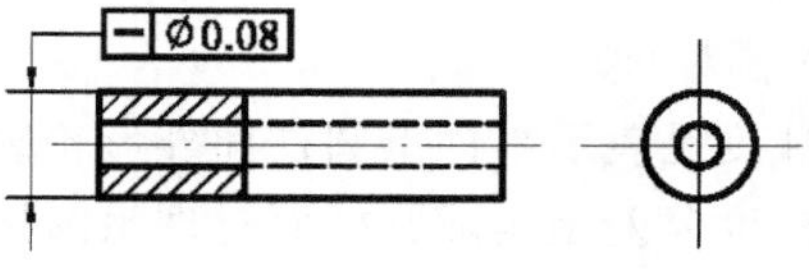

（2）平面度

平面度是表示零件的平面要素实际形状保持理想平面的状况，即平整程度（表 3-5）。

平面度公差是实际表面所允许的最大变动量，用以限制实际表面加工误差所允许的变动范围。

表 3-3　平面度

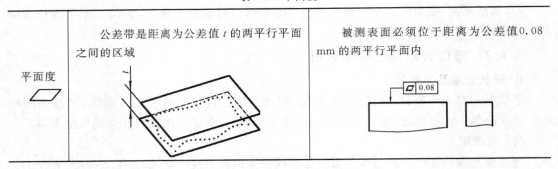

公差带是距离为公差值 t 的两平行平面之间的区域	被测表面必须位于距离为公差值0.08 mm 的两平行平面内

（3）圆度

圆度是表示零件上圆要素的实际形状与其中心保持等距的状况，即圆整程度（表 3-4）。

圆度公差是同一截面上，实际圆对理想圆所允许的最大变动量，用以限制实际圆的加工误差所允许的变动范围。

表 3-4　圆度

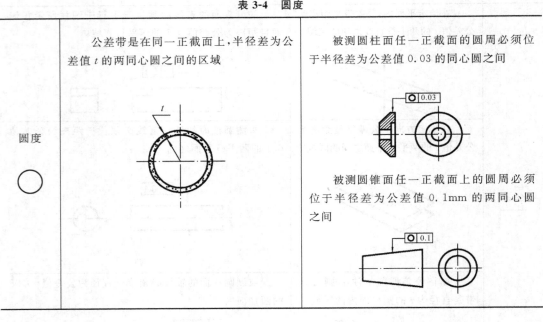

公差带是在同一正截面上，半径差为公差值 t 的两同心圆之间的区域	被测圆柱面任一正截面的圆周必须位于半径差为公差值0.03 的同心圆之间
	被测圆锥面任一正截面上的圆周必须位于半径差为公差值 0.1mm 的两同心圆之间

（4）圆柱度

圆柱度是表示零件上圆柱面外形轮廓上的各点对其轴线保持等距的状况（表 3-5）。

圆柱度公差是实际圆柱面对理想圆柱面所允许的最大变动量，用以限制实际圆柱面加工误差所允许的变动范围。

表 3-5　圆柱度

圆柱度	公差带是半径差为公差值 t 的两同轴圆柱面之间的区域 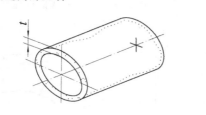	被测圆柱面必须位于半径差为公差值 0.1 的两同轴圆柱面之间 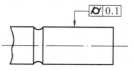

2. 轮廓度公差及公差带

（1）线轮廓度

线轮廓度是表示在零件的给定平面上任意形状的曲线保持其理想形状的状况。

线轮廓度公差是非圆曲线的实际轮廓线的允许变动量，用以限制实际曲线加工误差所允许的变动范围。

表 3-6　线轮廓度

线轮廓度	公差带是包络一系列直径为公差值 t 的圆的两包络线之间的区域。诸圆的圆心位于具有理论正确几何形状的线上 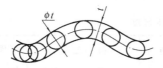 无基准要求的线轮廓度公差见图 a； 有基准要求的线轮廓度公差见图 b	在平行于图样所示投影面的任一截面上，被测轮廓线必须位于包络一系列直径为公差值 0.04 且圆心位于具有理论正确几何形状的线上的两包络线之间 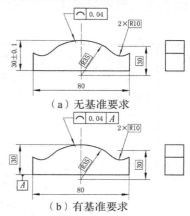

（2）面轮廓度

面轮廓度是表示零件上任意形状的曲面保持其理想形状的状况（表 3-7）。

面轮廓度公差是非圆曲面的轮廓线对理想轮廓面的允许变动量，用以限制实际曲面加工误差的变动范围。

表 3-7　面轮廓度

面轮廓度 ⌒	公差带是包络一系列直径为公差值 t 的球的两包络面之间的区域,诸球的球心应位于具有理论正确几何形状的面上 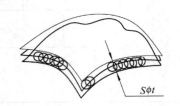	被测轮廓面必须位于包络一系列球的两包络面之间,诸球的直径为公差值 0.02,且球心位于具有理论正确几何形状的面上的两包络面之间 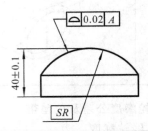

3. 定向公差及公差带

定向公差有三个项目:平行度、垂直度和倾斜度。被测要素有直线和平面,基准要素有直线和平面。按被测要素相对于基准要素,有线对线、线对面、面对线和面对面四种情况。定向公差带在控制被测要素相对于基准平行、垂直和倾斜所夹角度方向误差的同时,能够自然地控制被测要素的形状误差。

(1) 平行度

平行度是表示零件上被测实际要素相对于基准保持等距离的状况(表 3-8)。

平行度公差是被测要素的实际方向与基准相平行的理想方向之间所允许的最大变动量,用以限制被测实际要素偏离平行方向所允许的变动范围。

表 3-8　平行度

平行度 	公差带是两对互相垂直的距离分别为 t_1 和 t_2 且平行于基准线的两平行平面之间的区域 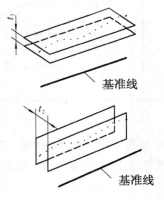	被测轴线必须位于距离分别为公差值 0.2mm 和 0.1mm,在给定的互相垂直方向上且平行于基准轴线的两组平行平面之间 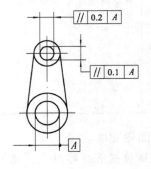

平行度	如在公差值前加注，公差带是直径为公差值 t 且平行于基准线的圆柱面内的区域	被测轴线必须位于直径为 0.1mm 且平行于基准轴线 B 的圆柱面内
	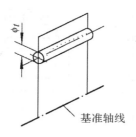	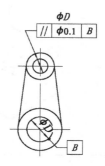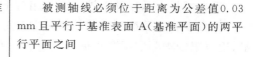
	公差带是距离为公差值 t 且平行于基准平面的两平行平面之间的区域	被测轴线必须位于距离为公差值0.03 mm 且平行于基准表面 A（基准平面）的两平行平面之间
		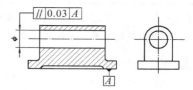
	公差带是距离为公差值 t 且平行于基准线的两平行平面之间的区域	被测表面必须位于距离为公差值0.05 mm 且平行于基准线 A（基准轴线）的两平行平面之间
	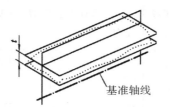	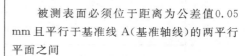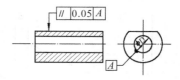

续表 3-8

平行度	公差带是距离为公差值且平行于基准面的两平行平面之间的区域	被测表面必须位于距离为公差值0.05 mm 且平行于基准平面 A(基准平面)的两平行平面之间
//	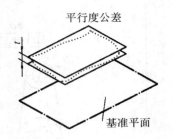 平行度公差 t 基准平面	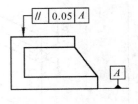 // 0.05 A A

（2）垂直度

垂直度是表示零件上被测要素相对于基准要素保持正确的90°角的状况（表3-9）。

垂直度公差是被测要素的实际方向对于基准相垂直的理想方向之间所允许的最大变动量，用以限制被测实际要素偏离垂直方向所允许的最大变动范围。

表 3-9　垂直度

垂直度 ⊥	公差带是距离为公差值 t 且垂直于基准轴线的两平行平面之间的区域	被测轴线必须位于距离为公差值0.08 mm 且垂直于基准线 A(基准轴线)的两平行平面之间
	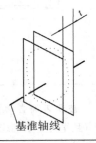 t 基准轴线	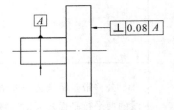 A　⊥ 0.08 A
	如在公差值前加注 ϕ，公差带是直径为公差值 t 且垂直于基准面的圆柱面内的区域	被测轴线必须位于直径为公差值 $\phi0.05$ mm 且垂直于基准线 A(基准平面)的圆柱面内
	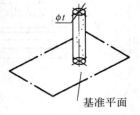 ϕt 基准平面	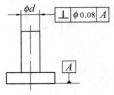 ϕd　⊥ ϕ 0.08 A A

3. 倾斜度

倾斜度是表示零件上两要素相对方向保持任意给定角度的正确状况(表 3-10)。

倾斜度公差是被测要素的实际方向,对于与基准成任意给定角度的理想方向之间所允许的最大变动量。

表 3-10　倾斜度

倾斜度		
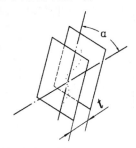	被测线和基准线在同一平面内,公差带是距离为公差值 t 且与基准线成一给定角度的两平行平面之间的区域	被测轴线必须位于距离为公差值 0.08mm 且与 A－B 公共基准线成一理论正确角度 60°的两平行平面之间 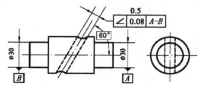
	公差带是距离为公差值 t 且与基准面成一给定角度的两平行平面之间的区域 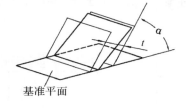	被测表面必须位于距离为公差值 0.08mm 且与基准面 A(基准平面)成理论正确角度 40°的两平行平面之间 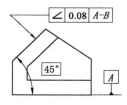
	公差带为直径等于公差值 ϕt 的圆柱面所限定的区域,且与基准平面成理论角度 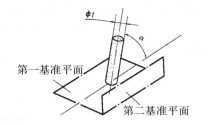	被测轴线必须位于距离为公差值 0.05mm 且与基准面 A(基准平面)成理论正确角度 60°的两平行平面之间且平行于基准平面 B 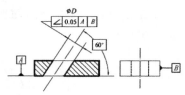

4. 定位公差及公差带

定位公差有三个项目:位置度、同轴度和对称度。定位公差涉及基准,公差带的方向(主要是位置)是固定的。定位公差带在控制被测要素相对于基准位置误差的同时,能够自然地控制被测要素相对于基准的方向误差和被测要素的形状误差。

（1）位置度

位置度是零件上的点、线、面等要素相对其理想位置的准确状况（表 3-11）。

位置度公差是被测要素的实际位置相对于理想位置所允许的最大变动量，用以限制被测要素偏离理想位置所允许的最大变动范围。

表 3-11　位置度

位置度	如公差值前加注φ，公差带是直径为公差值 t 的圆内的区域。圆公差带的中心点的位置由相对于基准 A 和 B 的理论正确尺寸确定 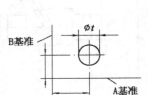	两个中心线的交点必须位于直径为公差值 0.3mm 的圆内，该圆是圆心位于由相对基准 A 和 B（基准直线）的理论正确尺寸所确定的点和理想位置上 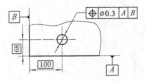
	如公差值前加注 Sφ，公差带是直径为公差值 t 的球内的区域。球公差带的中心点的位置由相对于基准 A、B 和 C 的理论正确尺寸确定 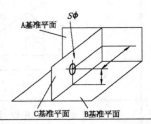	被测球的球心必须位于直径为公差值 0.03mm 的球内。该球的球心位于由相对基准 A、B、C 的理论正确尺寸所确定的理想位置上 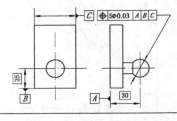
	公差带是距离为公差值 t 且以线的理想位置为中心线对称配置的两平行直线之间的区域。中心线的位置由相对于基准 A 的理论正确尺寸确定，此位置度公差仅给定一个方向 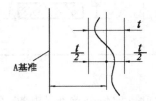	每根刻线的中心线必须位于距离为公差值 0.05mm 且相对于基准 A 的理论正确尺寸所确定的理想位置对称的两平行直线之间 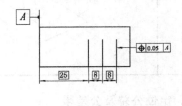

位置度	如公差值前加注 φ，公差带是直径为公差值 t 的圆柱面内的区域。圆柱公差带的中心轴线位置由相对于基准 B 和 C 的理论正确尺寸确定 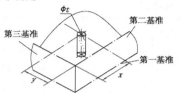	被测要素 φD 孔的轴线必须位于直径为公差值 φ0.1mm 的圆柱面内，该圆柱面的中心轴线位置由相对基准 B、C 的理论正确尺寸 30mm 和 40mm 确定 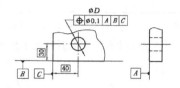
	公差带是距离为公差值 t 且以被测斜平面的理想位置为中心面对称配置的两平行平面间的区域。中心面的位置由基准轴线 A 和相对于基准面 B 的理论正确尺寸确定 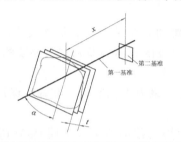	被测要素斜平面必须位于距离为公差值 0.05mm 两平行平面之间，该两平行平面的对称中心平面位置由基准轴线 A 及理论正确角度 60° 和相对于基准面 B 的理论正确尺寸 50mm 确定 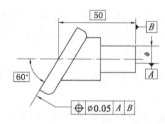

（2）同轴度（同心度）

同轴度（同心度）是表示零件上被测轴线相对于基准轴线保持在同一直线上的状况（表 3-12）。

同轴度公差是被测轴线相对于基准轴线所允许的变动全量，用以限制被测实际轴线偏离有基准轴线所确定的理想位置所允许的变动范围。

表 3-12　同轴度（同心度）

同心度	公差带是直径为公差值 φt 且与基准圆心同心的圆内的区域 	外圆的圆心必须位于直径为公差值 0.1mm 且与基准圆心同心的圆内 
	公差带是直径为公差值 φt 的圆柱面内的区域，该圆柱面的轴线与基准轴线同轴 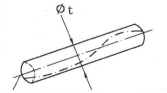	大圆柱面的轴线必须位于直径为公差值 φ0.1mm 且与公共基准线 A-B（公共基准轴线）同轴的圆柱面内 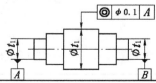

（3）对称度

对称度是表示零件上两对称中心要素保持在同一中心平面内的状态（表 3-13）。

对称度公差是实际要素的对称中心面（或中心线、轴线）对理想对称平面所允许的变动量。

表 3-13　对称度

对称度	公差带是距离为公差值 t 且相对基准的中心平面对称配置的两平行平面之间的区域	被测中心平面必须位于距离为公差值 0.08mm 且相对于公共基准中心平面 A－B 对称配置的两平行平面之间
=		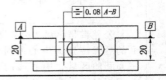

4. 跳动公差及公差带

跳动公差有 2 个项目：圆跳动和全跳动。跳动公差带在控制被测要素相对于基准位置误差的同时，能够自然地控制被测要素相对于基准的方向误差和被测要素的形状误差。

（1）圆跳动

圆跳动是表示零件上的回转表面在限定的测量面内相对于基准轴线保持固定位置的状况（表 3-14）。

圆跳动公差是被测实际要素绕基准轴线无轴向移动地旋转 1 周时，在限定的测量范围内所允许的最大变动量。

表 3-14　圆跳动

圆跳动	公差带为在任一垂直于基准轴线的横截面内，半径差为公差值 t，圆心在基准轴线上的两同心圆所限定的区域	当被测要素围绕基准线 A（基准轴线）的约束旋转一周时，在任一测量平面内的径向圆跳动量均不得大于 0.05mm
↗	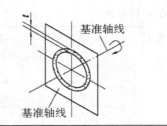	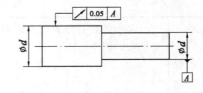
	公差带是在与基准同轴的任一半径位置的测量圆柱面上距离为 t 的两圆之间的区域	被测面围绕基准线 D（基准轴线）旋转一周时，在任一测量圆柱面内轴向的跳动量均不得大于 0.1mm
	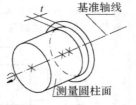	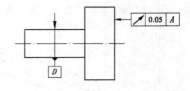

| 圆跳动 | 公差带是在与基准同轴的任一测量圆锥面上距离为 t 的两圆之间的区域(除另有规定,其测量方向应与被测面垂直) 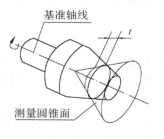 | 被测面围绕基准线 A(基准轴线)旋转一周时,在任一测量圆锥面上的跳动量均不得大于 0.05mm 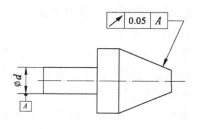 |

(2) 全跳动

全跳动是指零件绕基准轴线连续旋转时沿整个被测表面上的跳动量(表 3-15)。

全跳动的公差是被测实际要素绕基准轴线连续旋转,同时指示器沿其理想轮廓相对移动时,所允许的最大跳动量。

表 3-15　全跳动

| 全跳动 | 公差带是半径差为公差值 t 且基准同轴的两圆柱面之间的区域 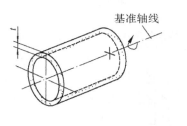 | 被测要素围绕公共基准线 A－B 作若干次旋转,并在测量仪器与工件间同时作轴向的相对移动时,被测要素上各点间的示值均不得大于 0.2mm。测量仪器或工件必须沿着基准轴线方向并相对于公共基准轴线 A－B 移动 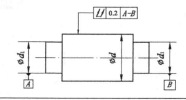 |
| | 公差带是距离为公差值 t 且与基准垂直的两平行平面之间的区域 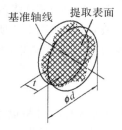 | 被测要素围绕基准线 D 作若干次旋转,并在测量仪器与工件间作径向相对移动时,在被测要素上各点间的示值差均不得大于 0.1mm。测量仪器或工件必须沿着轮廓具有理想正确形状的线和相对于基准轴线 D 的正确方向移动 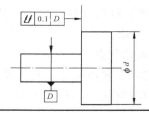 |

3.1.3　公差原则

公差原则是处理尺寸公差与形状、位置公差之间相互关系的基本原则,它规定了确定尺寸(线性尺寸和角度尺寸)公差和形位公差之间相互关系的原则。公差原则有独立原则和相关原则,相关的国家标准包括 GB/T4249-2009 和 GB/T16671-2009。

1. 公差原则的术语及定义

(1)作用尺寸

作用尺寸是零件装配时起作用的尺寸,它是由要素的实际尺寸与其形位误差综合形成的。根据装配时两表面包容关系的不同,作用尺寸分为体外作用尺寸和体内作用尺寸。

①体外作用尺寸(d_{fe}、D_{fe})

体外作用尺寸是在被测要素的给定长度上,与实际内表面(孔)体外相接的最大理想面或与实际外表面(轴)体外相接的最小理想面的直径或宽度,如图 3-4 所示。对于关联实际要素,要求体外相接理想面的中心要素必须与基准保持图样给定的方向或位置关系,如图 3-5 所示,与实际轴外接的最小理想孔的轴线应垂直于基准面 A。

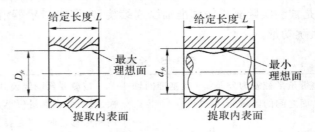

图 3-4　单一体外作用尺寸

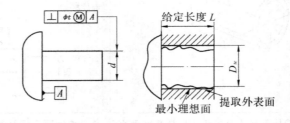

图 3-5　关联体外作用尺寸

②体内作用尺寸(d_{fe}、D_{fe})

体内作用尺寸是在被测要素的给定长度上,与实际内表面(孔)体内相接的最小理想面或与实际外表面(轴)体内相接的最大理想面的直径或宽度,如图 3-6 所示。对于关联实际要素,要求该体内相接的理想面的中心要素必须与基准保持图样给定的方向或者位置关系,如图 3-7 所示。

(2)实体状态和实体尺寸

当实际要素在尺寸公差范围内时,尺寸不同,零件所含有的材料量不同,装配时(或配合中)的松紧程度也不同,零件材料含量处于极限状态时即为实体状态,有最大实体和最小实体。

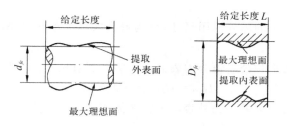

图 3-6 单一体内作用尺寸

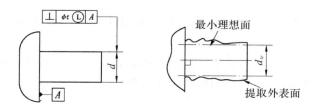

图 3-7 关联体内作用尺寸

①最大实体状态、最大实体尺寸和最大实体边界(MMC、MMS、MMB)

最大实体状态是指实际要素在给定长度上位于尺寸公差带内并且有实体最大时的状态,用 MMC(maximum material condition)表示。

最大实体尺寸(MMS)是指实体要素在最大实体状态下的极限尺寸,用 $D_M(d_M)$。外表面(轴)的最大实体尺寸等于其最大极限尺寸 d_{max},即 $d_M=d_{max}$,内表面(孔)的最大实体尺寸等于其最小极限尺寸 D_{min},即 $D_M=D_{min}$。

最大实体边界是最大实体状态的理想形状的极限包容面,用 MMB(maximum material boundary)表示。

②最小实体状态、最小实体尺寸和最小实体边界(LMC、LMS、LMB)

最小实体状态是指实际要素在给定长度上位于尺寸公差内并且有实体最小时的状态,用 LMC(least material condition)表示。

最小实体尺寸(LMS)是指实体要素在最小实体状态下的极限尺寸,用 $D_L(d_L)$ 表示。外表面(轴)的最小实体尺寸等于其最小极限尺寸 d_{min},即 $d_L=d_{min}$,内表面(孔)的最小实体尺寸等于其最大极限尺寸 D_{max},即 $D_L=D_{max}$。

最小实体边界是指最小实体状态的理想形状的极限包容面,用 LMB(least material boundary)表示。

(3)实体实效状态、实体实效尺寸和实体实效边界

实效状态是指被测要素实体尺寸和该要素的几何公差综合作用下的极限状态。有最大实体实效和最小实体实效两种状态。边界是由设计给定的具有理想形状的极限包容面。

①最大实体实效状态、最大实体实效尺寸和最大实体实效边界(MMVC、MMVS、MMVB)

在给定长度上,实际尺寸要素处于最大实体状态,且其中心要素的形状或位置误差等于给出公差值时的综合极限状态,称为最大实体实效状态 MMVC(maximum material virtual condition)。

最大实体实效状态下的体外作用尺寸,称为最大实体实效尺寸 MMVS(maximum material virtual size)。

最大实体尺寸减去形位公差值为内表面最大实体实效尺寸:

$$D_{MV} = D_M - t = D_{min} - t$$

最小实体尺寸加形位公差值为外表面最大实体实效尺寸:

$$d_{MV} = d_M + t = d_{max} + t$$

最大实体实效状态对应的极限理想包容面称为最大实体实效边界 MMVB(maximum material virtual boundary)。

②最小实体实效状态、最小实体实效尺寸和最小实体实效边界(LMVC、LMVS、LMVB)

在给定长度上,实际尺寸要素处于最小实体状态,且其中心要素的形状或位置误差等于给出公差值时的综合极限状态,称为最小实体实效状态 LMVC(least material virtual condition)。

最小实体实效状态下的体内作用尺寸,称为最小实体实效尺寸 LMVS(least material virtual condition)。

最小实体尺寸加形位公差值为内表面最小实体实效尺寸:

$$D_{LV} = D_L + t = D_{max} + t$$

最小实体尺寸减去形位公差值为外表面最小实体实效尺寸:

$$d_{LV} = d_L - t = d_{min} - t$$

最小实体实效状态对应的极限包容面称为最小实体实效边界 LMVB(least material virtual condition)。

2. 独立原则

独立原则是指图样上给定的每个尺寸、形状、位置等要求,均是互相独立的,应当分别满足图样要求,即尺寸公差控制尺寸误差,几何公差控制形位误差。

独立原则的适用范围较广。一般非配合尺寸均采用独立原则,例如,印刷机的滚筒,尺寸精度不高,但对其圆柱度要求高,以保证印刷是它与纸面接触均匀,使印刷的图文清晰,因而按独立原则给出圆柱度公差,而直径尺寸所用的未注公差与圆柱度公差不相关。

采用独立原则时可用普通计量器具检测尺寸误差和几何误差。

3. 相关原则

相关原则又可分为包容要求、最大实体要求(及其可逆要求)和最小实体要求(及其可逆要求)。

(1)包容要求

包容要求是指要求单一尺寸要素的实际轮廓不得超出最大实体边界,且其实际尺寸不超出最小实体尺寸的一种公差原则。根据包容要求,被测实际要素的合格条件是

对于内表面:$D_{fe} \geqslant D_M = D_{min}$ 且 $D_a \leqslant D_L = D_{max}$

对于外表面:$d_{fe} \leqslant d_M = d_{max}$ 且 $d_a \geqslant d_L = d_{min}$

采用包容要求的尺寸要素应在其尺寸极限偏差或公差带代号之后加注符号Ⓔ。

包容要求主要用于配合性质要求较严格的配合表面,用最大实体边界保证所需的最小

间隙或最大过盈。如回转轴的轴颈和滑动轴承、滑动套筒和孔、滑块和滑动槽等。

(2)最大实体要求 MMR

最大实体要求是指被测要素的实际轮廓应遵守其最大实体实效边界,当其实际尺寸偏离最大实体尺寸时,允许其形位公差值超出其给定的公差值,即允许形位公差增大,在保证零件可装配的场合下降低加工难度。

最大实体要求应用于被测要素时,应在形位公差框格中的公差值后面标注符号Ⓜ;最大实体要求应用于基准要素时,应在形位公差框格基准符号后面标注符号Ⓜ。

①最大实体要求用于被测要素

被测要素的实际轮廓应遵守其最大实体实效边界,即其体外作用尺寸不得超出最大实体实效尺寸;而且要素的局部尺寸在最大与最小实体尺寸之间。

合格零件的判定条件是

对于内表面:$D_{fe} \geqslant D_{MV} = D_{min} - t$ 且 $D_M = D_{min} \leqslant D_a \leqslant D_L = D_{max}$

对于外表面:$d_{fe} \leqslant d_{MV} = d_{min} + t$ 且 $d_M = d_{max} \geqslant d_a \geqslant d_L = d_{min}$

②最大实体要求用于基准要素

基准要素应遵守相应的相应边界。若基准要素的实际轮廓偏离其相应的边界,即其体外作用尺寸偏离其相应的边界尺寸,则允许基准要素在一定范围内浮动,其浮动范围等于基准要素的体外作用尺寸与其相应的边界尺寸之差。

最大实体要求应用于基准要素时,基准要素应遵守的边界有两种情况:

① 基准要素本身采用最大实体要求时,应遵守最大实体实效边界,此时,基准代号应直接标注在形成该最大实体实效边界的形位公差框格下面;

② 基准要素本身不采用最大实体要求时,应遵守最大实体边界,此时,基准代号应标注在基准的尺寸线处,连线与尺寸线对齐。

(3)最小实体要求 LMR

最小实体要求是指控制被测要素的实际轮廓处于其最小实体实效边界之内的一种公差要求。当其实际尺寸偏离最小实体尺寸时,允许其形位误差值超出其给出的公差值。即可用于被测要素,也可应用于基准要素。

最小实体要求用于被测要素时,应在被测要素的形位公差框格中的公差值后标准符号Ⓛ;应用于基准要素时,应在被测要素的形位公差框格内相应的基准字母代号后标注符号Ⓛ。

①最小实体要求应用于被测要素

被测要素的实际轮廓在给定长度上处处不得超出最小实体实效边界,即其体内作用尺寸不能超出最小实体实效尺寸,且其局部实际尺寸在最大实体尺寸和最小实体尺寸之间。

合格零件的判定条件是

对于内表面:$D_{fi} \leqslant D_{LV} = D_{max} + t$ 且 $D_M = D_{min} \leqslant D_a \leqslant D_{max} = D_L$

对于外表面:$d_{fi} \geqslant d_{LV} = d_{min} - t$ 且 $d_L = d_{min} \leqslant d_a \leqslant d_{max} = d_M$

②最小实体要求应用于基准要素

基准要素应遵守相应的边界。若基准要素的实际轮廓偏离其相应的边界,即其体内作用尺寸偏离其相应的边界尺寸,则允许基准要素在一定范围内浮动,其浮动范围等于基准要素的体内作用尺寸与其相应的边界尺寸之差。

最小实体要求应用于基准要素时,基准要素应遵守的边界有两种情况:

①基准要素本身采用最小实体要求时,应遵守最小实体实效边界,此时,基准代号应直接标注在形成该最小实体实效边界的形位公差框格下面。

②基准要素本身不采用最小实体要求时,应遵守最小实体边界,此时,基准代号应标注在基准的尺寸线处,连线与尺寸线对齐。

(4)可逆要求

可逆要求是在不影响零件功能的前提下,几何公差可以补偿尺寸公差,即被测实际要素的几何公差小于给出的几何公差值时,允许相应的尺寸公差增大,从而一定程度上降低了工件的废品率。可逆要求是最大实体要求或最小实体要求的附加要求。

可逆要求用于最大实体要求时,应在被测要素的几何公差框格中的公差值后标注"Ⓜ○R"。

可逆要求用于最小实体要求时,应在被测要素的几何公差框格中的公差值后标注"Ⓛ○R"。

3.1.4 形位公差标注方法

在技术图样中,形位公差采用代号标注形式,如图 3-8 所示。

形位公差的基本内容在公差框格内给出。公差框格分为两格或多格,可水平绘制或垂直绘制。

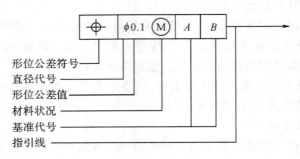

图 3-8　形位公差代号

指引线一端从框格一侧引出,另一端带有箭头,箭头指向被测要素公差带的宽度方向或直径。

公差框格的第二格之间填写的公差带为圆形或圆柱形时,公差值前加注"φ",若是球形则加注"Sφ"。

1. 被测要素的标注

设计要求给出几何公差的要素用带指示箭头的指引线与公差框格相连。指引线一般与框格一端的中部相连,也可以与框格任意位置水平或垂直相连。

当被测要素为轮廓线或轮廓面时,指示箭头应直接指向被测要素或其延长线上,并与尺寸线明显错开,如图 3-9 所示。

当被测要素为中心点、中心线、中心面时,指示箭头应与被测要素相应的轮廓尺寸线对齐,如图 3-10 所示,指示箭头可代替一个尺寸线的箭头。

当被测要素为视图的整个轮廓线(面)时,应在指示箭头的指引线的转折处加注全周符号。如图 3-10(a)所示线轮廓度公差 0.1mm 是对该视图上全部轮廓线的要求。其他视图

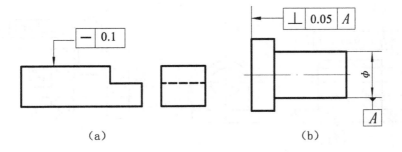

（a） （b）

图 3-9　被测要素为轮廓要素时的标注

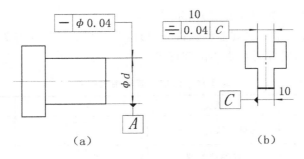

（a） （b）

图 3-10　被测要素是中心要素时的标注

上的轮廓不受该公差要求的限制。以螺纹、齿轮、花键的轴线为被测要素时，应在几何公差框格下方标明节径 PD、大径 MD 或小径 LD，如图 3-11 所示。

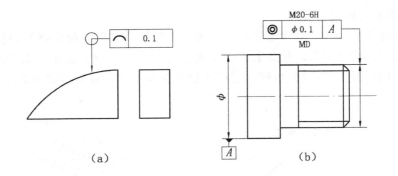

（a） （b）

图 3-11　被测要素其他标注

2．基准要素的标注

对关联被测要素的方向、位置和跳动公差要求必须注明基准。方框内的字母应与公差框格中的基准字母对应，且不论基准代号在图样中的方向如何，方框内的字母均应水平书写。单一基准由一个字母表示，如图 3-12(a)所示；公共基准采用由横线隔开的两个字母表示，如图 3-12(b)所示。

当以轮廓线或轮廓面作为基准时，基准符号在要素的轮廓线或其延长线上，且与轮廓的尺寸线明显错开，如图 3-12(a)所示；当以轴线、中心平面或中心点为基准时，基准连线应与

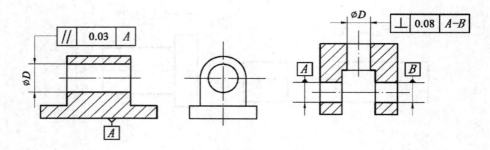

图 3-12　基准要素的标注

相应的轮廓尺寸线对齐,如图 3-12(b)所示。

国家标准中还规定了一些其他特殊符号,形位公差数值和其他有关符号如表 3-16 形位公差的相关符号所示,需要时可查用国家标准。

表 3-16　形位公差的相关符号

符号	意义	符号	意义
Ⓜ	最大实体状态	$\boxed{50}$	理论正确尺寸
Ⓟ	延伸公差带	$\frac{\phi 20}{A_1}$	基准目标
Ⓔ	包容原则(单一要素)		

3.1.5　形位误差的评定

1. 形状误差的评定

形状公差是指实际单一要素的实际形状相对于理想要素形状的允许变动量,形状误差是被测实际要素的形状对其理想要素的变动量。在数值上,形状误差不应大于形状公差,因此直线度、平面度、圆度误差的合格性,应按图形状误差的最小包容区域来评定。如图 3-13 所示。

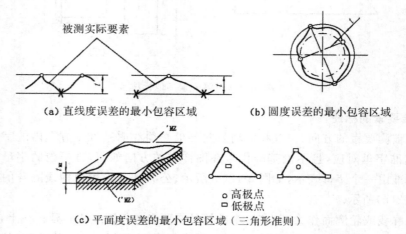

(a)直线度误差的最小包容区域　　　　(b)圆度误差的最小包容区域

○ 高极点
□ 低极点

(c)平面度误差的最小包容区域(三角形准则)

图 3-13　形状误差按最小包容区域评定

2. 定向误差的评定

定向公差是指实际关联要素相对于基准的实际方向对理想方向的允许变动量。平行度、垂直度和倾斜度误差的合格性,应按定向误差的最小包容区域来评定(图 3-14)。

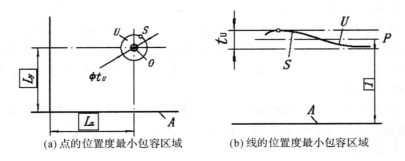

(a) 点的位置度最小包容区域　　　(b) 线的位置度最小包容区域

图 3-14　定位误差的评定

3. 定位误差的评定

定位公差是指实际关联要素相对于基准的实际位置对理想位置的允许变动量。定向误差的合格性,应按定位误差的最小包容区域来评定(图 3-14)。

评定形状、定向和定位误差的最小包容区域大小是有区别的,这与形状、定向和定位公差带大小的特点相类似。不涉及基准的形状最小包容区域的尺度应当最小,涉及基准的定位最小包容的尺度应当最大,涉及基准的定向最小包容区域的尺度应当在"最大"和"最小"之间(图 3-15)。

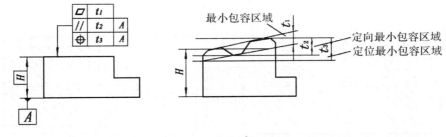

(a) 形状、定向和定位公差标注:　　　(b) 形状、定向和定位误差评定的最小包容区域:
　　　　$t_1 < t_2 < t_3$　　　　　　　　　　　　　　　　$f_1 < f_2 < f_3$

图 3-15　评定形状、定向和定位误差的区别

4. 形位误差的检测原则

被测零件的结构特点不同,其尺寸大小和精度要求不同,检测时使用的设备及条件不同。从检查原理上说,可以讲形位误差的检测方法概括为以下几种检测原理:

(1)与理想要素比较原则

与理想要素比较原则是指测量时将被测实际要素与相应的理想要素作比较,从中获得测量数据,再按所得数据进而评定形位误差。

(2)测量坐标值原则

无论是平面的,还是空间的被测要素,它们的几何特征总是可以在适当的坐标系中反映出来,测量坐标值原则就是利用计量器具固有的坐标系,测出被测实体要素上的各测点的相对坐标值,再经过精确计算从而确定形位误差值。

该原则对轮廓度、位置度的测量应用更为广泛。

（3）测量特征参数原则

测量特征参数原则是指测量实际被测要素上具有代表性的参数,用以表示形位误差值。

该原则所得到的形位误差值与按定义确定的形位误差值相比,只是一个近似值。但应用该原则往往可以简化测量过程和设备,也不需要复杂的数据处理,适用于生产现场。

（4）测量跳动原则

跳动是按回转体零件特有的测量方法,来定义的位置误差项目。测量跳动原则是针对圆跳动和全跳动的定义与实现方法,概括出的检测原则。

（5）边界控制原则

按最大实体要求给出形位公差是,意味着给出了一个理想边界——最大实体实效边界,要求被测实体不得超越该边界。判断被测实体是否超越最大实体实效边界的有效方法是用功能量规检验。

用光滑极限量规的通规或位置量规的工作表面来模拟体现图样上给定的边界,以便检测实际被测要素的体外作用尺寸的合格性。

【任务实践】

一、动模板平面度误差检测

（1）实践内容

动模板是模具结构重要组成部分,如图 3-16 所示,为两板式注塑模动模板零件。

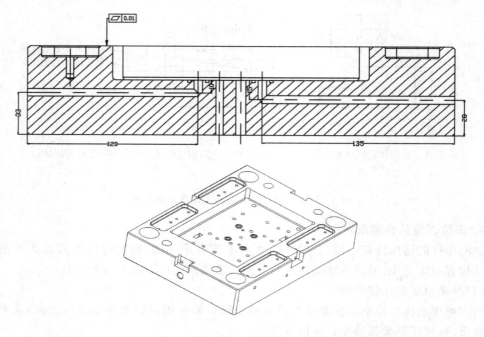

图 3-16　动模板

识读零件图,图样上提出形状公差要求,零件顶面的平面度公差为 0.01mm。使用测量工具方法,检测零件尺寸精度,判断其合格性。

（2）实践步骤

平面度误差的测量是根据与理想要素相比较的原则进行的。用标准平板作为模拟基准,利用指示表和指示表架测量被测平板的平面度误差。

①将被测工件用可调支承支撑在平板上,指示表夹在表架上。

测量时,将被测工件支承在基准平板上,基准平板的工作面作为测量基准。

②按米字形布线的方式进行布点。

在被测工件表面上按一定的方式布点,通常采用的是米字形布点方式,如图 3-17 所示。用指示表对被测表面上各点逐行测量并记录所测数据,然后评定其误差值。

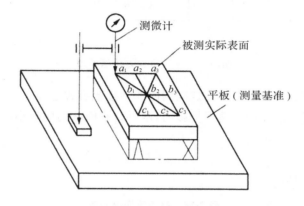

图 3-17　平面度误差测量

③在 a_1 点将指示表调零,然后移动指示表架,依次记取各点读数,将结果填入实训报告中。

④用最小区域法或对角线法计算出平面度误差值,并与其公差值比较,做出合格性结论。

假设,动模板测量的平面度误差,共布 9 个点,测量结果如表 3-17 所示。

表 3-17　测量结果

测点	a_1	a_2	a_3	b_1	b_2	b_3	c_1	c_2	c_3
读数	0	-1	$+5$	$+7$	-2	$+4$	$+7$	-3	$+4$

从所测数据分析看出,测量结果不符合任何一种平面度误差的评定准则,说明评定基准与测量结果不一致,因此需要进行基面旋转。在基面旋转过程中要注意保持实际平面不失真。用上例测得的数据处理方法如图 3-18 所示。

①减去最大的正值,建立评定基准的上包容面,相当于将基准平面平移到与被测基准接触而不分割的位置,最高点为零。

②通过最高点选择旋转轴（这样有利于减去最大的负值）,然后选择旋转量和旋转方向,要标出旋转轴的位置。旋转量取决于最低点。为改变各点至评定轴的距离,必须使最低点缩小距离,不能出现正值。

③测量轴两侧的旋转量分别与它们至旋转轴的格数成正比。

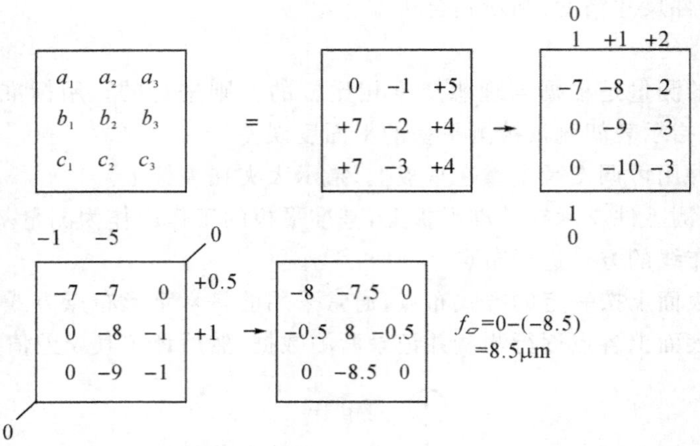

$$\begin{bmatrix} a_1 & a_2 & a_3 \\ b_1 & b_2 & b_3 \\ c_1 & c_2 & c_3 \end{bmatrix} = \begin{bmatrix} 0 & -1 & +5 \\ +7 & -2 & +4 \\ +7 & -3 & +4 \end{bmatrix} \rightarrow \begin{matrix} 0 \\ 1 \ +1 \ +2 \end{matrix}\begin{bmatrix} -7 & -8 & -2 \\ 0 & -9 & -3 \\ 0 & -10 & -3 \end{bmatrix}\begin{matrix} 1 \\ 0 \end{matrix}$$

$$\begin{matrix} -1 & -5 & & 0 \end{matrix}\begin{bmatrix} -7 & -7 & 0 \\ 0 & -8 & -1 \\ 0 & -9 & -1 \end{bmatrix}\begin{matrix} +0.5 \\ +1 \end{matrix} \rightarrow \begin{bmatrix} -8 & -7.5 & 0 \\ -0.5 & 8 & -0.5 \\ 0 & -8.5 & 0 \end{bmatrix} \quad \begin{aligned} f_{\square} &= 0-(-8.5) \\ &= 8.5\mu m \end{aligned}$$

图 3-18　平面度误差数据处理

以上旋转结果符合平面度误差评定准则的 3 种接触形式之一——三高一低。最低点的投影落在由 3 个最高点形成的三角形投影内,两平行平面就构成最小区域,其宽度为实际表面的平面度误差值。

(3)检测报告

检测报告如表 3-18。

表 3-18　平面度误差检测

仪　器	名　称	分 度 值 (μm)	示值范围 (mm)	测量范围 (mm)	器具的不确定度 (μm)
被测零件	名　称	平面度公差 (μm)			
测 量 序 号					
测 量 数 据					
数据处理					
形位误差(μm)	平面度误差				
合格性结论	理　由		审　阅		

二、角座零件平行度、垂直度误差检测

(1)实践内容

如图 3-19 所示,被测零件角座,角座零件的位置公差直接影响其使用性能。

识读零件图,图样上提出 4 个位置公差要求。

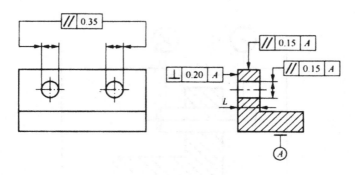

图 3-19　角座零件图

（1）顶面对底面的平行度公差为 0.15mm。

（2）两孔的轴线对底面的平行度公差为 0.05mm。

（3）两孔轴线之间的平行度公差为 0.35mm。

（4）侧面对底面的垂直度公差为 0.20mm。

使用测量工具方法，检测零件尺寸精度，判断其合格性。

（2）实践步骤

①按检测原则 1（与理想要素比较原则）测量顶面对底面的平行度误差。

将被测件放在测量平板上，以平板面作为模拟基准；调整百分表在支架上的高度，将百分表测量头与被测面接触，使百分表指针倒转 1～2 圈，固定百分表，然后在整个被测表面上沿规定的各测量线移动百分表支架，取百分表的最大与最小读数之差，并将其作为被测表面的平行度误差，图 3-20 所示。

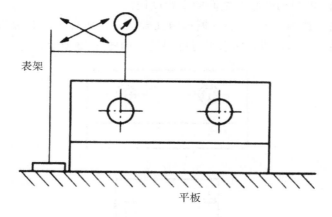

图 3-20　测量顶面对底面的平行度误差

② 按检测原则 1，分别测量两孔轴线对底面的平行度误差。

将被测件放在测量平板上，心轴放置在被测孔内，以平板模拟为基准，用心轴模拟被测孔的轴线，按心轴上的素线调整百分表的高度，并固定之（调整方法同步骤①），如图 3-21 所示，在测量距离为 L 的两个位置上测得的读数分别为 M_1 和 M_2。

则该孔被测轴线的平行度误差应为：

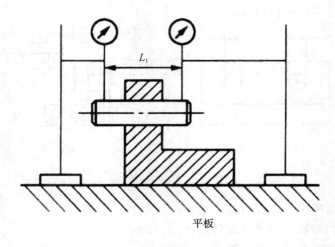

图 3-21　测量两孔轴线对底面的平行度误差

$$f = \frac{L_1}{L_2} \mid M_1 - M_2 \mid$$

式中　L_1——被测轴线的长度；

　　　L_2——测量距离。

在 0°～180°范围内按上述方法测量若干个不同角度位置，取各测量位置所对应的 f 值中最大值，并将其作为平行度误差。

测量一孔后，心轴放置在另一被测孔内，采用相同方法测量。

③按检测原则 1 测量两孔轴线之间的平行度误差。

将心轴放置在两被测孔内，用心轴模拟两孔轴线。用游标卡尺在靠近孔口端面处测量尺寸 a_1 及 a_2，差值(a_1-a_2)即为所求平行度误差。如图 3-22 所示。

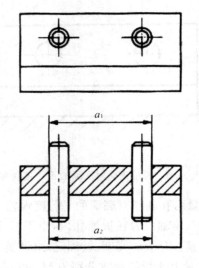

图 3-22　测量两孔轴线之间的平行度误差

④按检测原则 3(测量特征参数原则)测量侧面对底面的垂直度误差。

被测件放在平板上,用平板模拟基准,将精密直角尺的短边置于平板上,长边靠在被测侧面上,此时直角尺长边即为理想要素。用塞尺测量直角尺长边与被测侧面之间的最大间隙,测得的值即为该位置的垂直度误差。移动直角尺,在不同位置重复上述测量,取最大误差值并将其作为被测面的垂直度误差,如图 3-23 所示。

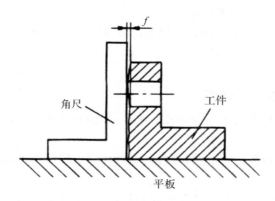

图 3-23　测量侧面对底面的垂直度误差

(3)检测报告

检测报告如表 3-19。

表 3-19　平行度、垂直度误差检测

仪　　　器	名　　　称		精　　　度	
被测零件图				
公差带形状与大小				
被测要素				
基准要素				
公差值				
误差值				
合格性结论		理　由		审　阅

任务 2 几何量公差的选用

【任务目标】

1．掌握国家标准几何量公差的选用。

2．能根据零件的使用要求选用合适的形位公差项目、公差值。

3．掌握形位公差正确标注方法。

【相关知识】

3.2.1 几何公差项目选择

几何公差项目的选择取决于零件的几何特征、功能要求及检测的方便性。

（1）零件的几何特征

在进行几何特征选择前，首先分析零件的结构特点及使用要求，确定是否需要标注几何公差。

形状公差项目主要是按要素的几何形状特征制定的，因此要素的几何特征是选择公差项目的基本依据。

方向或位置公差项目是按要素间几何方位关系制定的，所以关联要素的公差项目以几何方位关系为基本依据。

（2）功能要求

零件的功能要求不同，对几何公差应提出不同的要求，应分析几何误差对零件使用性能的影响。如平面的形状误差会影响支承面安置的平稳和定位可靠性，影响贴合面的密封性和滑动面的磨损。

（3）检测方便性

为了检测方便，有时可将所需的公差项目用控制效果相同或相近的公差项目代替。如，要素为圆柱面时，圆柱度是理想的项目，但圆柱度检测不便，可选用圆度、直线度或跳动公差等进行控制。

在选择要素几何特征时可以参照以下几点：

①根据零件上要素本身的几何特征及要素间的互相方位关系进行选择。

②如果在同一要素上标注若干几何公差项目，则应考虑选择综合项目以控制误差。

③应选择测量简便的项目。

④参照国家标准的规定进行选择。

基准是确定关联要素间方向、位置的依据。在选择公差项目时，必须同时考虑要采用的基准。在选择基准时一般考虑以下几点：

①根据零件各要素的功能要求，一般选择主要配合表面作为基准，如轴颈、轴承孔、安装定位面等。

②根据装配关系，应选零件上相互配合、相互接触的定位要素作为各自的基准，如对于盘、套类零件，一般是以其内孔轴线作为径向定位装配，或以其端面进行轴向定位。

③根据加工定位的需要和零件结构，应选择宽大的平面，较长的轴线做基准以使定位稳定。复杂结构零件，应选 3 个基准面。

④根据检测的方便程度,应选择在检测中装夹定位的要素作为基准,并尽可能将装配基准、工艺基准与检测基准统一起来。

3.2.2 几何公差等级的选择

国家标准 GB/T1184-1996 对几何公差项目进行了精度等级的划分,其中,直线度、平面度、平行度、垂直度、倾斜度、同轴度、对称度、圆跳动、全跳动等 9 个项目各分 12 级,1 级精度最高,12 级精度最低;而圆度、圆柱度 2 个项目分 13 级,0 级最高,12 级最低。线、面轮廓度计位置度未规定公差等级。

各项目的各级公差如表 3-20～表 3-23 所示(摘自 GB/T1184-1996)。

表 3-20　直线度、平面度公差值

主参数 L/mm	公差等级											
	1	2	3	4	5	6	7	8	9	10	11	12
	公差值/μm											
≤10	0.2	0.4	0.8	1.2	2	3	5	8	12	20	30	60
>10～16	0.25	0.5	1	1.5	2.5	4	6	10	15	25	40	80
>16～25	0.3	0.6	1.2	2	3	5	8	12	20	30	50	100
>25～40	0.4	0.8	1.5	2.5	4	6	10	15	25	40	60	120
>40～63	0.5	1	2	3	5	8	12	20	30	50	80	150
>63～100	0.6	1.2	2.5	4	6	10	15	25	40	60	100	200

注:主参数 L 系轴、直线、平面的长度。

表 3-21　圆度、圆柱度公差值

主参数 d(D)/mm	公差等级												
	0	1	2	3	4	5	6	7	8	9	10	11	12
	公差值/μm												
≤3	0.1	0.2	0.3	0.5	0.8	1.2	2	3	4	6	10	14	25
>3～6	0.1	0.2	0.4	0.6	1	1.5	2.5	4	5	8	12	18	30
>6～10	0.12	0.25	0.4	0.6	1	1.5	2.5	4	6	9	15	22	36
>10～18	0.15	0.25	0.5	0.8	1.2	2	3	5	8	11	18	27	43
>18～30	0.2	0.3	0.6	1	1.5	2.5	4	6	9	13	21	33	52
>30～50	0.25	0.4	0.6	1	1.5	2.5	4	7	11	16	25	39	62
>50～80	0.3	0.5	0.8	1.2	2	3	5	13		19	30	46	74

注:主参数 d(D) 系轴(孔)的直径

表 3-22　平行度、垂直度、倾斜度公差值

主参数 L、d (D)/mm	公差等级											
	1	2	3	4	5	6	7	8	9	10	11	12
	公差值/μm											
≤10	0.4	0.8	1.5	3	5	8	12	20	30	50	80	120
>10~16	0.5	1	2	4	6	10	15	25	40	60	100	150
>16~25	0.6	1.2	2.5	5	8	12	20	30	50	80	120	200
>25~40	0.8	1.5	3	6	10	15	25	40	60	100	150	250
>40~63	1	2	4	8	12	20	30	50	80	120	200	300
>63~100	1.2	2.5	5	10	15	25	40	60	100	150	250	400

注:1. 主参数 L 为给定平行度时轴线或平面的长度,或给定垂直度、倾斜度时被测要素的长度。

2. 主参数 $d(D)$ 为给定面对线垂直度时,被测要素的轴(孔)直径。

表 3-23　同轴度、对称度、圆跳动和全跳动公差值

主参数 d (D)、B、L/mm	公差等级											
	1	2	3	4	5	6	7	8	9	10	11	12
	公差值/μm											
≤1	0.4	0.6	1.0	1.5	2.5	4	6	10	15	25	40	60
≥1~3	0.4	0.6	1.0	1.5	2.5	4	6	10	20	40	60	120
>3~6	0.5	0.8	1.2	2	3	5	8	12	25	50	80	150
>6~10	0.6	1	1.5	2.5	4	6	10	15	30	60	100	200
>10~18	0.8	1.2	2	3	5	8	12	20	40	80	120	250
>18~30	1	1.5	2.5	4	6	10	15	25	50	100	150	300
>30~50	1.2	2	3	5	8	12	20	30	60	120	200	400
>50~120	1.5	2.5	4	6	10	15	25	40	80	150	250	500

注:1. 主参数 $d(D)$ 为给定同轴度时轴直径,或给定圆跳动、全跳动时轴(孔)直径。

2. 圆锥体斜向圆跳动公差的主参数为平均直径。

3. 主参数 B 为给定对称度时槽的宽度。

4. 主参数 L 为给定两孔对称度时的孔心距。

对于位置度,由于被测要素类型繁多,国家标准只规定了公差值数系,而未规定公差等级,如表 3-24 所示。

表 3-24　位置度公差指数系表

1	1.2	1.5	2	2.5	3	4	5	6	8
$1×10^n$	$1.2×10^n$	$1.5×10^n$	$2×10^n$	$2.5×10^n$	$3×10^n$	$4×10^n$	$5×10^n$	$6×10^n$	$8×10^n$

注:n 为正整数

几何公差值的选择原则,是在满足零件功能要求的前提下,兼顾工艺的经济性和检测条件,尽量选取较大的公差值。

几何公差值常用类比法确定,主要考虑零件的使用性能、加工的可能性和经济性等因素,还需要考虑:

形状公差与方向、位置公差的关系;几何公差与尺寸公差的关系;几何公差与表面粗糙度的关系;零件的结构特点。

表 3-25～表 3-26 列出了各种几何公差等级的应用举例,可供类比时参考。

表 3-25　直线度、平面度等级应用

公差等级	应用举例
1,2	用于精密量具、测量仪器以及精度要求高的精密机械零件,如量块、零级样板、平尺、零级宽平尺、工具显微镜等精密量仪的导轨面等
3	1 级宽平尺工作面,1 级样板平尺的工作面,测量仪器圆弧导轨的直线度,量仪的测杆等
4	零级平板,测量仪器的 V 型导轨,高精度平面磨床的 V 型导轨和滚动导轨等
5	1 级平板,2 级宽平尺,平面磨床的导轨、工作台,液压龙门刨床导轨面,柴油机进气、排气阀门导杆等
6	普通机床导轨面,柴油机机体结合面
7	2 级平板,机床主轴箱结合面,液压泵盖、减速器壳体结合面等
8	机床传动箱体、挂轮箱体、溜板箱体,柴油机汽缸体,连杆分离面,缸盖结合面,汽车发动机缸盖,曲轴箱结合面,液压管件和法兰连接面等
9	自动车床床身底面,摩托车曲轴箱体,汽车变速箱壳体,手动机械的支承面等

表 3-26　圆度、圆柱度公差等级应用

公差等级	应用举例
0,1	高精度量仪主轴,高精度机床主轴,滚动轴承的滚珠和滚柱等
2	精密量仪主轴、外套、阀套高压油泵柱塞及套,纺锭轴承,高速柴油机进、排气门,精密机床主轴轴颈,针阀圆柱表面,喷油泵柱塞及柱塞套等
3	高精度外圆磨床轴承,磨床砂轮主轴套筒,喷油嘴针,阀体,高精度轴承内外圈等
4	较精密机床主轴、主轴箱孔,高压阀门,活塞,活塞销,阀体孔,高压油泵柱塞,较高精度滚动轴承配合轴,铣削动力头箱体孔等
5	一般计量仪器主轴、测杆外圆柱面,陀螺仪轴颈,一般机床主轴轴颈及轴承孔,柴油机、汽油机的活塞、活塞销,与 P6 级滚动轴承配合的轴颈等
6	一般机床主轴及前轴承孔,泵、压缩机的活塞、气缸,汽油发动机凸轮轴,纺机锭子,减速传动轴轴颈,高速船用发动机曲轴、拖拉机曲柄主轴颈,与 P6 级滚动轴承配合的外壳孔,与 P0 级滚动轴承配合的轴颈等
7	大功率低速柴油机曲轴轴颈、活塞、活塞销、连杆、气缸,高速柴油机箱体轴承孔,千斤顶或压力油缸活塞,机车传动轴,水泵及通用减速器转轴轴颈,与 P0 级滚动轴承配合的外壳孔等
8	低速发动机、大功率曲柄轴轴颈,压气机连杆盖、体,拖拉机气缸、活塞,炼胶机冷铸轴辊,印刷机传墨辊,内燃机曲轴轴颈,柴油机凸轮轴承孔,凸轮轴,拖拉机、小型船用柴油机气缸套等
9	空气压缩机缸体,液压传动筒,通用机械杠杆与拉杆用套筒销子,拖拉机活塞环、套筒孔

表 3-27 平行度、垂直度、倾斜度公差等级应用

公差等级	应用举例
1	高精机床、测量仪器、量具等主要工作面和基准面等
2,3	精密机床、测量仪器、量具、模具的工作面和基准面,精密机床的导轨,重要箱体主轴孔对基准面的要求,精密机床主轴轴肩端面,滚动轴承座圈端面,普通机床的主要导轨,精密刀具的工作面和基准面等
4,5	普通机床导轨,重要支承面,机床主轴孔对基准的平行度,精密机床重要零件,计量仪器、量具、模具的工作面和基准面,床头箱体重要孔,通用减速器壳体孔,齿轮泵的油孔端面,发动机轴和离合器的凸缘,气缸支承端面,安装精密滚动轴承壳体孔的凸肩等
6,7,8	一般机床的工作面和基准面,压力机和锻锤的工作面,中等精度钻模的工作面,机床一般轴承孔对基准的平行度,变速器箱体孔,主轴花键对定心直径部位轴线的平行度,重型机械轴承盖端面,卷扬机、手动传动装置中的传动轴,一般导轨、主轴体孔,刀架,砂轮架,气缸配合面对基准轴线,活塞销孔对活塞中心线的垂直度,滚动轴承内、外圈端面对轴线的垂直度等
9,10	低精度零件,重型机械滚动轴承端盖,柴油机、煤气发动机箱体曲轴孔,曲轴颈、花键轴和周肩端面,带运输机法兰盘等端面对轴线的垂直度,手动卷扬机及传动装置中的轴承端面,减速器壳体平面等

表 3-28 同轴度、对称度、跳动公差等级应用

公差等级	应用举例
1,2	精密测量仪器的主轴和顶尖。柴油机喷油嘴针阀等
3,4	机床主轴轴颈,砂轮轴轴颈,汽轮机主轴,测量仪器的小齿轮轴,安装高精度齿轮的轴颈等
5	机床轴颈,机床主轴箱孔,套筒,测量仪器的测量杆,轴承座孔,汽轮机主轴,柱塞油泵转子,高精度轴承外圈,一般精度轴承内圈等
6,7	内燃机曲轴,凸轮轴轴颈,柴油机机体主轴承孔,水泵轴,油泵柱塞,汽车后桥输出轴,安装一般精度齿轮的轴颈,涡轮盘,测量仪器杠杆轴,电机转子普通滚动轴承内圈,印刷机传墨辊的轴颈,键槽等
8,9	内燃机凸轮轴孔,连杆小端铜套,齿轮轴,水泵叶轮,离心泵体,气缸套外径配合面对内径工作面,运输机械滚筒表面,压缩机十字头,安装低精度齿轮用轴颈,棉花精梳机前后滚子,自行车中轴等

在确定形位公差值(公差等级)时,还应注意下列情况:

①在同一要素上给出的形状公差值应小于位置公差值。

②圆柱形零件的形状公差(轴线直线度除外)一般应小于其尺寸公差值。

③平行度公差值应小于其相应的距离公差值。

对于下列情况,考虑到加工的难易程度和除主参数外其他因素的影响,在满足功能要求的情况下,可适当降低 1~2 级选用。孔相对于轴;细长的孔或轴;距离较大的孔或轴;宽度较大(一般大于 1/2 长度)的零件表面;线对线、线对面相对于面对面的平行度、垂直度。

凡有关标准已对形位公差作出规定的,如与滚动轴承相配合的轴和壳体孔的圆柱度公差、机床导轨的直线度公差等,都应按相应的标准确定。

3.2.3 公差原则选择

公差原则的选择主要根据被测要素的功能要求,综合考虑各种公差原则的应用场合和

可行性、经济性。表 3-29 公差原则选择示例列出几种公差原则的应用场合和示例，可供选择参考。

表 3-29　公差原则选择示例

公差原则	应用场合	示　例
独立原则	尺寸精度与形位精度需要分别满足要求	齿轮箱体孔的尺寸精度与两孔轴线的平行度；连杆活塞销孔的尺寸精度与圆柱度；滚动轴承内、外圈滚道的尺寸精度与形状精度
	尺寸精度与形位精度要求相差较大	滚筒类零件尺寸精度要求很低，形状精度要求较高；平板的尺寸精度要求不高，形状精度要求很高；通油孔的尺寸有一定精度要求，形状精度无要求
	尺寸精度与形位精度无联系	滚子链条的套筒或滚子内、外圆柱面的轴线同轴度与尺寸精度；发动机连杆上的尺寸精度与孔轴线间的位置精度
	保证运动精度	导轨的形状精度要求严格，尺寸精度一般
	保证密封性	气缸的形状精度要求严格，尺寸精度一般
	为注尺寸公差或未注几何公差	如退刀槽、倒角、圆角等非功能要素
包容要求	保证国家标准规定的配合性质	保证最小间隙为零，如 $\phi 30H7\textcircled{E}$ 孔与 $\phi 30h6\textcircled{R}$ 轴的配合
	尺寸公差与形位公差间无严格比例关系要求	一般的孔与轴配合，只要求作用尺寸不超越最大实体尺寸，局部实际尺寸不超越最小实体尺寸
最大实体要求	保证关联作用尺寸不超过最大实体尺寸	关联要素的孔与轴的配合性质要求，在公差框格的第二标注"0Ⓜ"
	保证可装配性	如轴承盖上用于穿过螺钉的通孔，法兰盘上用于穿过螺栓的通孔
最小实体要求	保证零件强度和最小壁厚	如孔组轴线的任意方向位置度公差，采用最小实体要求可保证孔组间的最小壁厚
可逆要求	与最大（最小）实体要求联用	能充分利用公差带，扩大被测要素实际尺寸的变动范围，在不影响使用性能要求的前提下可以选用

公差原则的可行性与经济性是相对的，在实际选择时应具体情况具体分析。同时还需从零件尺寸大小和检测的方便程度进行考虑。

【任务实践】

一、模具落料凸模几何量公差的选用及标注

（1）实践内容

落料凸模零件如图 3-24 落料凸模零件，参照《冲压模具设计与制造简明手册》材料选用 Cr12MoV，HRC58-62。

根据零件使用性能要求，主要保证落料工作功能精度。标注零件的精度要求。（注：落料凸模零件的尺寸公差的选用不作为该实践任务内容要求，已在图样中标出）。

（2）实践步骤

①落料凸模零件形位公差主要是保障落料冲裁功能，形状为轴类零件，需要先保证内孔的中心位置情况，即同轴度评价。

②同轴度为位置公差，需 ϕ 要有参考基准。有图样设计要求，确认以外圆轴线为基准要

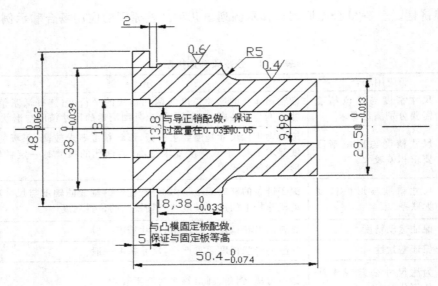

图 3-24 落料凸模零件

素,评价内孔圆轴线与外圆轴线的关系。

③确定公差等级,根据国家标准(参考表 3-23)中同轴度的选用及零件的使用需要,孔尺寸为 9.98,选用公差等级 3 级,确定公差值 0.015;

④公差标注,注意同轴度评价要素为线要素,标注时要注意指示箭头应与被测要素相应的轮廓尺寸线对齐。

(3)公差标注

公差标注如图 3-25 所示。

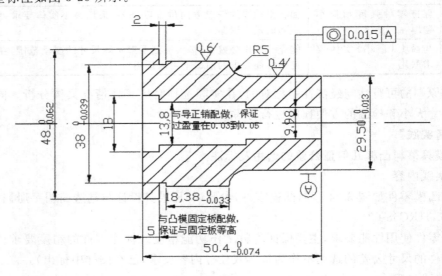

图 3-25 落料凸模零件同轴度标注

二、注塑模具公差配合的选用

模具零件的尺寸精度、几何量精度的选用对零件的工作性能如使用寿命、生产精度等,都有很大程度上的影响。模具零件的尺寸精度、几何精度越高,其使用性能越好。

但从另一方面看,对模具零件尺寸精度、几何精度要求过高,则增加了模具制造成本。

因此,应合理选用模具零件的尺寸、几何精度。模具零件常用的公差配合设计列于表 3-30,可供模具设计时参考。

表 3-30　注塑模具公差配合设计参考

模具零件名称			公差类型	标准公差	备　注
模板	厚度方向		平行度	5 级	
	基准面		垂直度	6 级	
	装配后总高度		平行度	6 级	
	合模导柱、导套孔		孔径公差	H7	
			位置度	ϕ0.012	
			垂直度	5 级	
	顶杆孔		封胶配合段孔公差	H7	
			过孔孔径公差	GB/T1804-2002-m	按标准避空
	复位杆孔		过孔孔径公差	GB/T1804-2002-m	比复位杆尺寸大 1mm
	推板导柱孔		B 板或支承板孔孔径公差	GB/T1804-2002-m	比导柱尺寸大 1mm
			顶针板孔孔径公差	H7	
			顶针固定板孔孔径公差	H7	
			固定导柱孔孔径公差	H7	
			垂直度	5 级	
			位置度	ϕ0.010	
	方形导柱槽		固定槽公差	K6	
			垂直度	4 级	
	精定位固定槽或孔		槽或孔公差	H7	
	滑块槽		封胶面公差	配合间隙≤0.03	
			滑动配合槽宽度公差	H8	
	顶块		封胶面	配合间隙≤0.03	
			滑动配合槽或孔公差	H8	
	销钉孔		直径公差	H7	
	推杆、成型孔位尺寸		位置度	ϕ0.20	
	螺钉孔		位置度	ϕ0.25	
	基准孔		孔径公差	H7	
导柱	固定部分		直径公差	k6Ⓔ	
	滑动部分	合模导柱	直径公差	e7Ⓔ	
		推板导柱	直径公差	f6Ⓔ	
方形导柱	固定部分		宽度公差	h5Ⓔ	
	滑动部分		宽度公差	h5Ⓔ	配合公差 G6/h5
顶杆复位杆			直径公差	g6	
			直线度	0.01/100	

续表 3-30

模具零件名称		公差类型	标准公差	备注
滑块	封胶面	封胶面公差	配合间隙≤0.03	
	滑动配合宽度	滑动配合宽度公差	f7	
	导向条槽宽	导向槽宽度配合公差	H7	
顶块	封胶面	封胶面公差	配合间隙≤0.03	
	导向滑动部分	导向滑动部分	f6	
镶件	封胶面	封胶面公差	配合间隙≤0.03	
	导向部分		f6	
	定位或固定配合			配合公差 JS7/m6
总结	1 模具中有配合要求的孔,孔的极限偏差为 H7。 2 轴固定段的极限偏差 k6 或 m6。 3 活动杆封胶位杆的极限偏差 f6 或 g6。 4 推杆、成型孔位尺寸位置度公差为 φ0.20。		5 螺钉孔孔位尺寸位置度公差为 φ0.25。 6 固定不动的配合公差 JS7/m6 或 H7/k6。 7 滑动配合的配合公差 H7/f6、H7/g6 或 H8/f7。 8 客户有标准不按该标准执行。	

第4章　模具零件表面精度的检测

【项目导读】

无论通过何种加工方法得到的模具零件表面,总会存在着微量高低不平的痕迹。模具设计时,对表面粗糙度提出的要求是模具零件精度保障必不可少的一个方面,对零件的工作性能有重大影响。本项目的学习主要了解表面粗糙度相关国家标准的技术要求,掌握表面粗糙度的检测评定方法。

任务1　图样上表面粗糙度的解读

【任务目标】

1. 了解表面粗糙度相关知识内容。

2. 能够掌握国家标准资料查找、使用。

3. 掌握零件粗糙度误差的检测方法。

【相关知识】

4.1.1　表面粗糙度基本术语

表面粗糙度是指加工表面具有的较小间距和微小峰谷不平度。当两波峰或波谷之间的距离(波距)在1mm以下时,用肉眼是难以区别的,因此它属于微观几何形状误差。表面粗糙度越小,则表面越光滑,在过去也称为表面光洁度。

表面粗糙度是反映被测零件表面微观几何形状误差的一个重要指标,它不同于表面宏观形状(宏观形状误差)和表面波纹度(中间形状误差),这三者通常在一个表面轮廓叠加出现,如图4-1所示。

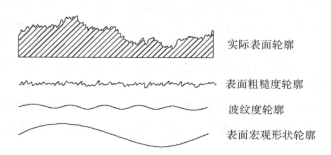

实际表面轮廓

表面粗糙度轮廓

波纹度轮廓

表面宏观形状轮廓

图 4-1　表面宏观形状、波纹度和粗糙度轮廓

表面宏观形状误差主要是由机床几何精度方面的误差引起的。

中间形状误差具有较明显的周期性的间距 λ 和幅度 h,只在高速切削条件下才会出现,它是由机床—工件—刀具加工系统的振动、发热和运动不平衡造成的。

微观形状误差是在机械加工中因切削刀痕、表面撕裂挤压、振动和摩擦等因素,在被加工表面留下的间距很小的微观起伏。

目前对表面粗糙度、表面波纹度和形状误差还没有统一的划分标准,通常是按相邻的峰间距离或谷间距离来区分。间距小于 1mm 的属于表面粗糙度,间距在 1~10mm 之间的属于表面波纹度,而间距大于 10mm 的属于形状误差。

表面粗糙度对机械零件的使用性能有很大的影响,主要体现在以下几个方面:

①表面粗糙度影响零件的耐磨性。表面越粗糙,配合表面间的有效接触面积越小,压强就越大,零件的磨损就越快。

②表面粗糙度影响配合性质的稳定性。对间隙配合来说,表面越粗糙,就越容易磨损,使工作过程中的间隙逐渐增大;对过盈配合来说,由于装配时将微观凸峰挤平,减小了实际有效过盈量,降低了联结强度。

③表面粗糙度影响零件的疲劳强度。粗糙的零件表面存在着较大的波谷,就像尖角缺口和裂纹一样,对应力集中很敏感,增大了零件疲劳损坏的可能性,从而降低了零件的疲劳强度。

④表面粗糙度影响零件的抗腐蚀性。粗糙的表面,会使腐蚀性气体或液体更容易积聚在上面,同时通过表面的微观凹谷向零件表层渗透,使腐蚀加剧。

⑤表面粗糙度影响零件的密封性。粗糙的表面之间无法严密的贴合,气体或液体会通过接触面间的缝隙渗漏。降低零件表面粗糙度数值,可提高其密封性

⑥表面粗糙度影响零件的接触刚度。零件表面越粗糙,表面间的接触面积就越小,单位面积受力就越大,峰顶处的局部塑性变形就越大,接触刚度降低,进而影响零件的工作精度和抗震性。

此外,表面粗糙度对零件的测量精度、外观、镀涂层、导热性和接触电阻、反射能力和辐射性能、液体和气体流动的阻力、导体表面电流的流通等都会有不同程度的影响。

4.1.2 表面粗糙度的评定

1. 主要术语及定义

为了客观地评定表面粗糙度,首先要确定测量的长度范围和方向,即评定基准。评定基准是在实际轮廓线上量取得到的一段长度,它包括取样长度、评定长度和基准线。如图 4-2 所示。

实际轮廓是平面与实际表面相交所得的轮廓线。按照相截方向的不同,可分为横向实际轮廓和纵向实际轮廓两种。

横向实际轮廓是指垂直于表面加工纹理的平面与表面相交所得的轮廓线。对车、刨等加工来说,这条轮廓线反映出切削刀痕及进给量引起的表面粗糙度,通常测得的表面粗糙度参数值最大。

纵向实际轮廓是指平行于表面加工纹理的平面与表面相交所得的轮廓线。其表面粗糙度是由切削时,刀具撕裂工件材料的塑性变形引起,通常测得的表面粗糙度参数值最小。

在评定或测量表面粗糙度时,除非特别指明,通常均指横向实际轮廓,即与加工纹理方

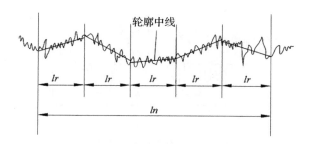

图 4-2　取样长度和评定长度

向垂直的截面上的轮廓。

（1）取样长度（Sampling Length）lr

取样长度是用于判别具有表面粗糙度特征的一段基准线长度。

从图 4-1 中可以看出，实际表面轮廓同时存在着宏观形状误差、表面波纹度和表面粗糙度，当选取的取样长度不同时得到的高度值是不同的。规定和选择这段长度是为了限制和减弱其他几何形状误差，特别是表面波纹度对表面粗糙度测量结果的影响。

如果取样长度过长，则有可能将表面波纹度的成分引入到表面粗糙度的结果中；如果取样长度过短，则不能反映被测表面的粗糙度的实际情况。

如图 4-2 所示，在一个取样长度 lr 范围内，一般应至少包含 5 个轮廓峰和 5 个轮廓谷。

（2）评定长度（Evaluation）ln

评定长度是评定轮廓所必需的一段长度，它可以包括一个或几个取样长度。

由于加工表面的粗糙度并不均匀，只取一个取样长度中的粗糙度值来评定该表面粗糙度的质量是不够客观的，所以通常我们会取几个连续的取样长度。至于取多少个取样长度与加工方法有关，即与加工所得到的表面粗糙度的均匀程度有关。被测表面越均匀，所需的个数就越少，一般情况为 5 个，即 $ln=5lr$。

（3）轮廓中线（基准线）

轮廓中线是用以评定表面粗糙度参数而给定的线，又称基准线。轮廓中线从一段轮廓线上获得，但它不一定在基准面上。轮廓中线有两种：

①轮廓的最小二乘中线

具有几何轮廓形状并划分轮廓的基准线，在一个取样长度 lr 内使轮廓线上各点的轮廓偏距（在测量方向上轮廓线上的点与基准线之间的距离）的平方和为最小。（见图 4-3）

$$\int_0^{lr} \left[Z(x)\right]^2 \mathrm{d}x = 最小$$

②轮廓的算术平均中线

具有几何轮廓形状，在一个取样长度 lr 内与轮廓走向一致，在取样长度内由该线划分，使上、下两边的面积相等的基准线。

如图 4-4 所示，$F_1+F_2+\cdots+F_n=G_1+G_2+\cdots+G_n$

$$\sum_{i=1}^n F_i = \sum_{i=1}^n F'_i$$

最小二乘中线符合最小二乘原则，从理论上讲是理想的、唯一的基准线。在我国标准

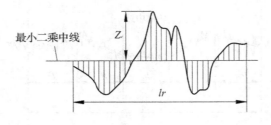

图 4-3　轮廓的最小二乘中线

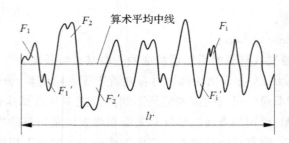

图 4-4　轮廓的算术平均中线

GB/T 3505-2009 中规定,轮廓中线规定采用最小二乘中线。

（4）传输带

传输带是指长波轮廓滤波器和短波轮廓滤波器的截止波长值之间的波长范围。

长波轮廓滤波器是指确定粗糙度与波纹度成分之间相交界限的滤波器,以 λc（或 Lc）表示长波轮廓滤波器的截止波长,在数值上 $\lambda c = lr$。长波轮廓滤波器会抑制波长大于 λc 的长波。

短波轮廓滤波器是指确定存在于表面上的粗糙度与比它更短的波的成分之间相交界限的滤波器,以 λs（或 Ls）表示短波轮廓滤波器的截止波长。短波轮廓滤波器会抑制波长小于 λs 的短波。

粗糙度和波纹度轮廓的传输特性如图 4-5 所示。

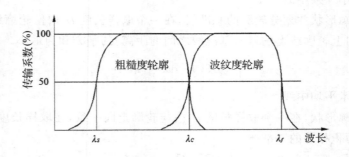

图 4-5　粗糙度和波纹度轮廓的传输特性

截止波长 λs 和 λc 的标准化值可由表 4-1 查取。其中,轮廓算术平均偏差 Ra、轮廓最大

高度 Rz、轮廓单元的平均宽度 Rsm、标准取样长度和标准评定长度取自 GB/T 1301-2009、GB/T 10610-2009，表示滤波器传输带 $\lambda s \sim \lambda c$ 这两个极限值的标准化值取自 GB/T 6062-2002。

表 4-1　截止波长 λs 和 λc 标准值对照表

$Ra(\mu m)$	$Rz(\mu m)$	$Rsm(mm)$	标准取样长度 lr		标准评定长度
			$\lambda s(mm)$	$lr=\lambda c(mm)$	$ln=5\times lr(mm)$
$\geqslant0.008\sim0.02$	$\geqslant0.025\sim0.1$	$\geqslant0.013\sim0.04$	0.0025	0.08	0.4
$>0.02\sim0.1$	$>0.1\sim0.5$	$>0.04\sim0.13$	0.0025	0.25	1.25
$>0.1\sim2$	$>0.5\sim10$	$>0.13\sim0.4$	0.0025	0.8	4
$>2\sim10$	$>10\sim50$	$>0.4\sim1.3$	0.008	2.5	12.5
$>10\sim80$	$>50\sim320$	$>1.3\sim4$	0.025	8	40

2. 表面粗糙度的评定参数

为了满足机械产品对零件表面的各种功能要求，国标 GB/T 3505-2009 从表面微观几何形状的幅度、间距等方面的特征，规定了一系列相应的评定参数。下面介绍其中的几个主要参数。

（1）幅度参数

①轮廓算术平均偏差 Ra

在一个取样长度 lr 内，轮廓偏距绝对值的算术平均值（见图 4-6）。

$$Ra = \frac{1}{n}\sum_{i=1}^{n}|Zi|$$

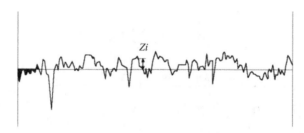

图 4-6　轮廓算术平均偏差

②轮廓最大高度 Rz

在一个取样长度 lr 内，最大轮廓峰高和最大轮廓谷深之和（见图 4-7）。

$$Rz=Zp+Zv$$

Zp 为最大轮廓峰高，如图 4-7 中的 Zp_6。Zv 为最大轮廓谷深，如图 4-7 中的 Zv_2。此时 $Rz=Zp_6+Zv_2$。

注：在旧标准 GB/T 3505-1983 中，符号 Rz 表示"微观不平度十点高度"（该参数在现行国标 GB/T 3505-2009 中已取消），而由符号 Ry 表示"轮廓最大高度"。符号 Rz 的意义不同，所得到的结果也会不同，对技术文件和图纸上出现的 Rz 必须注意其采用的标准，防止不必要的错误。

微观不平度十点高度 Rz（GB/T 3505-1983）的定义是，在取样长度 lr 内，5 个最大的轮

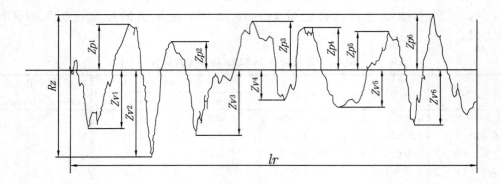

图 4-7　轮廓最大高度

廓峰高的平均值与 5 个最大的轮廓谷深的平均值之和。

$$Rz = \frac{1}{5}\sum_{i=1}^{5}Z_{pi} + \frac{1}{5}\sum_{i=1}^{5}Z_{vi}$$

（2）间距参数

轮廓单元的平均宽度 R_{sm}

一个轮廓峰与相邻的轮廓谷的组合叫作轮廓单元。在一个取样长度 lr 范围内，中线与各个轮廓单元相交线段的长度，叫作轮廓单元的宽度，用符号表示。

在一个取样长度 lr 内，轮廓单元宽度 X_s 的平均值，称为轮廓单元的平均宽度 R_{sm}（见图 4-8）。

$$R_{sm} = \frac{1}{n}\sum_{i=1}^{n}Xs_i$$

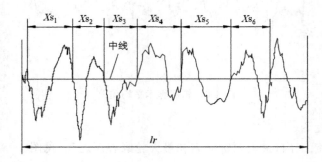

图 4-8　轮廓单元的平均宽度

（3）混合参数

轮廓支承长度率 $R_{mr}(c)$ 是指在给定水平截面高度 c 上，轮廓的实体材料长度 $Ml(c)$ 与评定长度 ln 的比率。轮廓的实体材料长度 $Ml(c)$ 是一条平行于中线的线与轮廓相截所得各段截线长度 bi 之和（见图 4-9）。

$$R_{mr}(c) = \frac{Ml(c)}{ln} \qquad Ml(c) = \sum_{i=1}^{n}bi$$

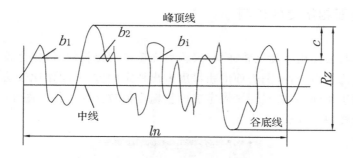

图 4-9 轮廓支承长度率

轮廓支承长度率 $R_{mr}(c)$ 能直观地反映零件表面的耐磨性,对提高承载能力也具有重要的意义。在动配合中,$R_{mr}(c)$ 值大的表面,使配合面之间的接触面积增大,减少了摩擦损耗,延长零件的寿命。所以 $R_{mr}(c)$ 也被作为耐磨性的度量指标。如图 4-10 所示,(a)的接触面积较大,轮廓支承长度较大,耐磨性更好。

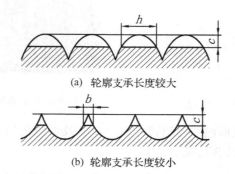

(a) 轮廓支承长度较大

(b) 轮廓支承长度较小

图 4-10 接触面积大小对耐磨性的影响

注:在旧标准 GB/T 3505-1983 中,轮廓支承长度率的符号是 tp,轮廓的实体材料长度的符号是 ηp,分别等同于现行标准中的 $R_{mr}(c)$ 和 $Ml(c)$。

R_{sm}、$R_{mr}(c)$ 作为幅度参数的附加参数,不能单独在图样上注出,只能作为幅度参数的辅助参数注出。

现行国标 GB/T 3505-2009 与旧国标 GB/T 3505-1983 相比,在术语、评定参数及符号方面有所不同,主要区别见表 4-2。

表 4-2 GB/T 3505-2009 与 GB/T 3505-1983 在术语、评定参数及符号上的变化

基本术语	1983	2009	主要评定参数		1983	2009
取样长度	l	lr	幅度参数	轮廓算术平均偏差	Ra	Ra
评定长度	ln	ln		轮廓最大高度	Ry	Rz
纵坐标值	y	$Z(x)$		微观不平度十点高度	Rz	—
轮廓峰高	yp	Zp	间距参数	微观不平度的平均间距	Sm	—
轮廓谷深	yv	Zv		轮廓的单峰间距	S	—
在水平位置 c 上轮廓的实体材料长度	ηp	$Ml(c)$		轮廓单元的平均宽度	—	Rsm
			混合参数	轮廓支承长度率	tp	$Rmr(c)$

注:现行国标 GB/T 3505-2009 中的轮廓单元的平均宽度 Rsm 等同于旧国标 GB/T 3505-1983 中的微观不平度的平均间距 Sm。

4.1.3 表面粗糙度的检测

1. 比较法

将被测表面与表面粗糙度比较样块（又称表面粗糙度比较样板）相比较，通过视觉、感触或其他方法进行比较后，对被测表面的粗糙度做出评定的方法，叫作比较法。

比较法多用于车间，一般只用来评定表面粗糙度值较大的工件。图 4-11 所示为常用的表面粗糙度比较样块的样式。

图 4-11 表面粗糙度比较样块

表面粗糙度比较样块的分类及对应的表面粗糙度参数（以表面轮廓算术平均偏差 Ra 表示）公称值见表 4-3。

表 4-3 不同加工方法得到的比较样块对应的表面粗糙度值　　　　单位：mm

样块加工方法	磨	车、镗	铣	插、刨
表面粗糙度参数 Ra 公称值	0.025			
	0.05			
	0.1			
	0.2			
	0.4	0.4	0.4	
	0.8	0.8	0.8	0.8
	1.6	1.6	1.6	1.6
	3.2	3.2	3.2	3.2
		6.3	6.3	6.3
		12.5	12.5	12.5
				25.0

在国家标准 GB/T 6060.2-2006 中规定了磨、车、镗、铣、插及刨加工表面粗糙度比较样块的术语与定义、制造方法、表面特征、分类；表面粗糙度值及评定、结构与尺寸、加工纹理以及标志包装等。

2. 光切法

利用"光切原理"测量表面粗糙度的方法，叫作光切法。

光切显微镜是应用光切原理测量表面粗糙度的，又称双管显微镜（见图 4-12）。其工作原理是，将一束平行光带以一定角度投射于被测表面上，光带与表面轮廓相交的曲线影像即反映了被测表面的微观几何形状。它解决了工件表面微小峰谷深度的测量问题，同时避免了与被测表面的接触。

但是可被检测的表面轮廓的峰高和谷深,要受物镜的景深和分辨率的限制,当峰高或谷深超出一定的范围,就不能在目镜视场中成清晰的真实图像,从而导致无法测量或者测量误差很大。但由于光切显微镜具有不破坏表面状况、方法成本低、易于操作的特点,所以还被广泛应用。

图 4-12　光切显微镜

常用于测量 Ra 或 Rz 值。由于受到分辨率的限制,一般测量范围为 Rz＝1～80μm。双管显微镜适用于测量车、铣、刨及其他类似加工方法得到的金属表面,也可用于测量木板、纸张、塑料、电镀层等表面的微观不平度,但是不便于检验用磨削或是抛光的方法加工的零件表面。

3. 干涉法

利用光波干涉原理来测量表面粗糙度的方法,叫作干涉法。

在目镜焦平面上,由于两束光之间有光程差,相遇叠加便产生光程干涉,形成明暗交错的干涉条纹。如果被测表面为理想表面,则干涉条纹是一组等距平行的直条纹线,若被测表面高低不平,则干涉条纹为弯曲状。

常用的测量仪器是干涉显微镜(如图 4-13 所示),采用通过样品内和样品外的相干光束产生干涉的方法,把相位差(或光程差)转换为振幅(光强度)变化,根据干涉图形可分辨出样品中的结构,并可测定样品中一定区域内的相位差或光程差。

图 4-13　干涉显微镜

干涉显微镜主要用于测量表面粗糙度的 Rz 和 Ry 值,可以测到较小的参数值,通常测量范围是 0.03～1μm。它不仅适用于测量高反射率的金属加工表面,也能测量低反射率的玻璃表面,但是主要还是用于测量表面粗糙度参数值较小的表面。

【任务实践】

一、冲孔凸模表面粗糙度样板测量

(1)实践内容

如图 4-14 所示,冲孔凸模零件。对于模具制造来说,凸模是模具的核心零件,凸模的表面粗糙度会影响到模具的使用寿命及生产零件的加工精度。

冷冲模具凸模的表面粗糙度选用表面粗糙度样板进行比较测量(图 4-15)。当测量结果发生争议时,可采用表面粗糙度专用仪器进行评价。

(2)实施步骤

①按图样对表面粗糙度的技术要求,合理地选择表面粗糙度样板。

②将被测零件表面与表面粗糙度样板直接进行比较,以确定实际被测表面的表面粗糙度合格与否。

③将测量数据填入检测报告单,并进行数据处理。

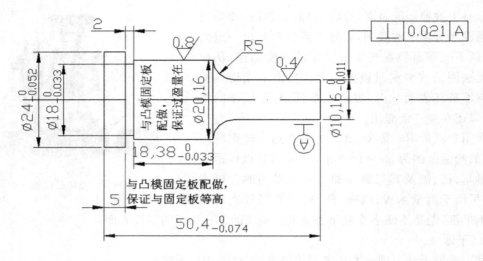

图 4-14 冲孔凸模

图 4-15 表面粗糙度比较样块

（3）检测报告

检测报告如表 4-4。

表 4-4　冷冲凸模粗糙度检测报告单

零件名称		编号		成绩	
测量内容	选用量具	测量数据		测量结果	
表面粗糙度 Ra0.4	表面粗糙度 样板				
表面粗糙度 Ra0.8	表面粗糙度 样板	加工方法			
检测员		日期		审核员	

任务 2　表面粗糙度的选用

【任务目标】

1. 能根据零件的使用要求选用合适的表面粗糙度项目。
2. 掌握表面粗糙度正确标注方法。

【相关知识】

4.2.1　表面粗糙度的选择

1. 评定参数的选择

（1）幅度参数的选择

①如无特殊要求，一般仅选用幅度参数，如 Ra、Rz 等。

②当 $0.025\mu m \leqslant Ra \leqslant 6.3\mu m$ 时，优先选用 Ra；而当表面过于粗糙或太光滑时，多采用 Rz。

③当表面不允许出现较深加工痕迹，防止应力过于集中，要求保证零件的抗疲劳强度和密封性时，则需选用 Rz。

（2）附加参数的选择

①附加参数一般不单独使用。

②对有特殊要求的少数零件的重要表面（如要求喷涂均匀、涂层有较好的附着性和光泽表面）需要控制 Rsm（轮廓单元平均宽度）数值。

③对于有较高支撑刚度和耐磨性的表面，应规定 $Rmr(c)$（轮廓的支撑长度率）参数。

（3）评定参数值确定

表面粗糙度评定参数值的选择，不但与零件的使用性能有关，还与零件的制造及经济性有关。在满足零件表面功能的前提下，评定参数的允许值尽可能大（除 $Rmr(c)$ 外），以减小加工困难，降低生产成本。

在国标 GB/T 1031-2009 中规定了常用评定参数可用的数值系列，轮廓算术平均偏差 Ra 和轮廓最大高度 Rz 的数值规定于表 4-5。

表 4-5　幅度参数 Ra、Rz 可用的数值系列　　　　　　　　单位：μm

Ra	0.012	0.2	3.2	50	Rz	0.025	0.4	100	1600
	0.025	0.4	6.3	100		0.05	0.8	200	
	0.05	0.8	12.5			0.1	1.6	400	
	0.1	1.6	25			0.2	3.2	800	
Ra 的补充系列	0.008	0.080	1.00	10.0	Rz 的补充系列	0.032	0.50	8.0	125
	0.010	0.125	1.25	16.0		0.040	0.63	10.0	160
	0.016	0.160	2.0	20		0.063	1.00	16.0	250
	0.020	0.25	2.5	32		0.080	1.23	20	320
	0.032	0.32	4.0	40		0.125	2.0	32	500
	0.040	0.50	5.0	63		0.160	2.5	40	630
	0.063	0.63	8.0	80		0.25	4.0	63	1000
						0.32	5.0	80	1250

轮廓单元的平均宽度 Rsm 和轮廓支承长度率 $Rmr(c)$ 的数值分别规定于表 4-6 和表 4-7。

表 4-6　轮廓单元的平均宽度 Rsm 可用的数值系列　　单位:mm

Rsm	0.06	0.1	1.6
	0.0125	0.2	3.2
	0.025	0.4	6.3
	0.05	0.8	12.5

表 4-7　轮廓支承长度率 $Rmr(c)$ 可用的数值系列　　单位:mm

$Rmr(c)$	10	15	20	25	30	40	50	60	70	80	90

选用轮廓支承长度率参数时,应同时给出轮廓截面高度 c 值,它可用微米 Rz 的百分数表示。Rz 的百分数系列如下:5%、10%、15%、20%、25%、30%、40%、50%、60%、70%、80%、90%。

取样长度 lr 的数值从表 4-8 给出的系列中选取。

表 4-8　取样长度 lr 可用的数值系列　　单位:mm

lr	0.08	0.25	0.8	2.5	8	25

评定参数值的选择,一般应遵循以下原则:

①在同一零件上工作表面比非工作表面粗糙度值小。

②摩擦表面比非摩擦表面、滚动摩擦表面比滑动摩擦表面的表面粗糙度值小。

③运动速度高、单位面积压力大、受交变载荷的零件表面,以及最易产生应力集中的部位(如沟槽、圆角、台肩等),表面粗糙度值均应小些。

④配合要求高的表面,表面粗糙度值应小些。

⑤对防腐性能、密封性能要求高的表面,表面粗糙度值应小些。

⑥配合零件表面的粗糙度与尺寸公差、形位公差应协调。一般应符合:尺寸公差＞形位公差＞表面粗糙度。

一般尺寸公差、表面形状公差小时,表面粗糙度参数值也小,但也不存在确定的函数关系。在正常的工艺条件下,三者之间有一定的对应关系,设形状公差为 T,尺寸公差为 IT,它们之间的关系见表 4-9。

表 4-9　形状公差与尺寸公差的关系

T 和 IT 的关系	Ra	Rz
$T \approx 0.6\ IT$	$\leqslant 0.05\ IT$	$\leqslant 0.2\ IT$
$T \approx 0.5\ IT$	$\leqslant 0.04\ IT$	$\leqslant 0.15\ IT$
$T \approx 0.4\ IT$	$\leqslant 0.025\ IT$	$\leqslant 0.1\ IT$
$T \approx 0.25\ IT$	$\leqslant 0.012\ IT$	$\leqslant 0.05\ IT$
$T < 0.25\ IT$	$\leqslant 0.15\ T$	$\leqslant 0.6\ T$

评定参数值的选择方法通常采用类比法。表 4-10 是常见的表面粗糙度的表面特征、经济加工方法和相关的应用实例,可以作为参考。

表 4-10   表面特征、加工方法和应用实例的参考对照表

表面微观特性		$Ra/\mu m$	加 工 方 法	应 用 举 例
粗糙表面	微见刀痕	≤20	粗车、粗刨、粗铣、钻、毛锉、锯断	半成品粗加工过的表面,非配合的加工表面,如轴断面、倒角、钻孔、齿轮和皮带轮侧面、键槽底面、垫圈接触面
半光表面	微见加工痕迹方向	≤10	车、刨、铣、镗、钻、粗铰	轴上不安装轴承、齿轮处的非配合表面,紧固件的自由装配表面,轴和孔的退刀槽
	微见加工痕迹方向	≤5	车、刨、铣、镗、磨、粗刮、滚压	半精加工表面,箱体、支架、盖面、套筒等和其他零件结合而无配合要求的表面,需要发蓝的表面等
	看不清加工痕迹方向	≤1.25	车、刨、铣、镗、磨、拉、刮、压、铣齿	接近于精加工表面,箱体上安装轴承的镗孔表面,齿轮的工作面
光表面	可辨加工痕迹方向	≤0.63	车、镗、磨、拉、刮、精铰、磨齿、滚压	圆柱销、圆锥销,与滚动轴承配合的表面,普通车床导轨面,内、外花键定心表面
	微可辨加工痕迹方向	≤0.32	精铰、精镗、磨、刮、滚压	要求配合性质稳定的配合表面,工作时受交变应力的重要零件,较高精度车床的导轨面
	不可辨加工痕迹方向	≤0.16	精磨、珩磨、研磨、超精加工	精密机床主轴锥孔、顶尖圆锥面、发动机曲轴、凸轮轴工作表面、高精度齿轮表面
极光表面	暗光泽面	≤0.08	精磨、研磨、普通抛光	精密机床主轴轴颈表面,一般量规工作表面,气缸套内表面,活塞销表面
	亮光泽面	≤0.04	超精磨、精抛光、镜面磨削	精密机床主轴轴颈表面,滚动轴承的滚珠,高压油泵中柱塞和柱塞套配合表面
	镜状光泽面			
	镜面	≤0.01	镜面磨削、超精研磨	高精度量仪、量块的工作表面,光学仪器中的金属表面

2. 表面粗糙度的符号

(1)表面粗糙度符号及其画法

图样上所标注的表面粗糙度符号、代号是指该表面完工后的要求。图样上表示零件表面粗糙度的符号见表 4-11。

表 4-11   表面粗糙度的图样符号及说明

符 号	意 义 及 说 明
√	基本符号,表示表面可用任何方法获得,当不加注粗糙度参数值或有关说明(例如:表面处理、局部热处理状况等)时,仅适用于简化代号标注。
√ (加短划)	基本符号加以短划,表示表面是用去除材料的方法获得。例如:车、铣、磨、剪切、抛光、腐蚀、电火花加工、气割等。
√ (加小圆)	基本符号加以小圆,表示表面是用不去除材料的方法获得。例如:铸、锻、冲压变形、热轧、冷轧、粉末冶金等。 或者是用于保持原供应状况的表面(包括保持上道工序的状况)。

续表 4-11

符 号	意义及说明
	在上述三个符号的长边上均可加一横线,用于标注有关参数和说明。
	在上述三个符号的长边上均可加一小圈,用于表示在图样某个视图上构成封闭轮廓的各表面有相同的表面粗糙度要求。

有关表面粗糙度的各项规定应按功能要求给定。若仅需要加工(采用去除材料的方法或不去除材料的方法)但对表面粗糙度的其他规定没有要求时,允许只注表面粗糙度符号。

(2)表面粗糙度符号、代号的标注

表面粗糙度数值及其有关的规定在符号中注写的位置,见图 4-16。

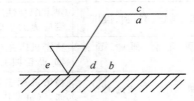

图 4-16 表面粗糙度符号、代号的注写位置

a——表面粗糙度的单一要求(参数代号及其数值,单位为微米);

b——当有两个或更多个表面粗糙度要求时,在 b 位置进行注写。如果要注写第三个或更多个表面粗糙度要求时,图形符号应在垂直方向扩大,以空出足够的空间,扩大图形符号时,a 和 b 的位置随之上移;

c——加工方法、表面处理、涂层或其他加工工艺要求等;

d——表面纹理及其方向;

e—加工余量(单位为毫米)。

(3)表面粗糙度符号的尺寸

表面粗糙度数值及其有关规定在符号中的注写的位置的比例见图 4-17、图 4-18 和图 4-19。

图形符号和附加标注的尺寸见表 4-12。图 4-17 中(b)符号的水平线长度取决于其上下所标注内容的长度。

表 4-12 图形符号和附加标注的尺寸   单位:mm

数字与字母高度 h	2.5	3.5	5	7	10	14	20
符号线宽 d'	0.25	0.35	0.5	0.7	1	1.4	2
字母线宽 d							
高度 H_1	3.5	5	7	10	14	20	28
高度 H_2(最小值)*	7.5	10.5	15	21	30	42	60
* H_2 取决于标注内容							

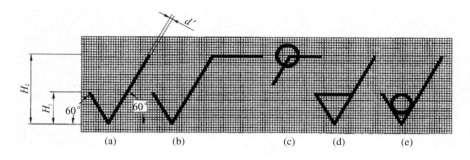

图 4-17　表面粗糙度图形符号的尺寸

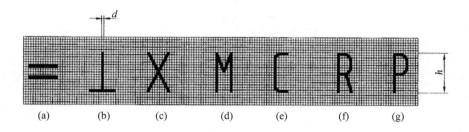

图 4-18　表面粗糙度附加部分的尺寸

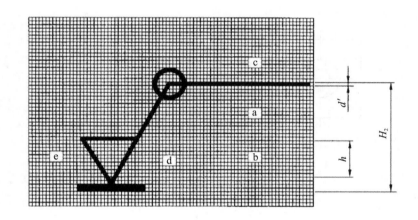

图 4-19　表面粗糙度基本图形符号的尺寸

4.2.2　表面粗糙度的标注

表面粗糙度要求对每一表面一般只标注一次,并尽可能注在相应的尺寸及其公差的同一视图上,除非另有说明,所标注的表面粗糙度要求是对完工零件表面的要求。

1. 表面粗糙度符号的标注

表面粗糙度的注写和读取方向应与尺寸的注写和读取方向一致(图 4-20)。

(1)表面粗糙度要求可标注在轮廓线上,其符号应从材料外指向并接触表面。必要时,表面结构符号也可用带箭头或黑点的指引线引出标注(图 4-21、图 4-22)。

(2)在不引起误解时,表面粗糙度要求可以标注在给定的尺寸线上(图 4-23)。

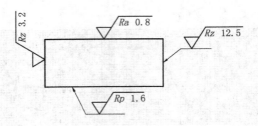

图 4-20　表面粗糙度的注写和读取方向

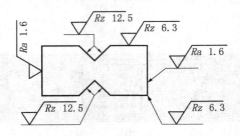

图 4-21　表面粗糙度的标注位置(1)

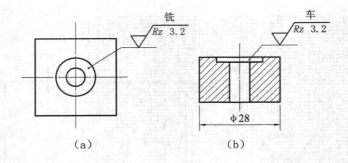

图 4-22　表面粗糙度的标注位置(2)

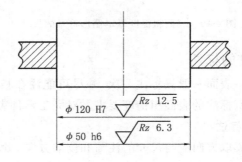

图 4-23　表面粗糙度的标注位置(3)

（3）表面粗糙度要求可标注在形位公差框格的上方（图 4-24）。

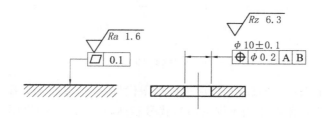

图 4-24　表面粗糙度的标注位置（4）

（4）表面粗糙度要求可以直接标注在延长线上，或用带箭头的指引线引出标注（图 4-21 和图 4-25）。

（5）圆柱和棱柱表面的表面粗糙度要求只标注一次（图 4-25）。如果每个棱柱表面有不同的表面粗糙度要求，则应分别单独标注（图 4-26）。

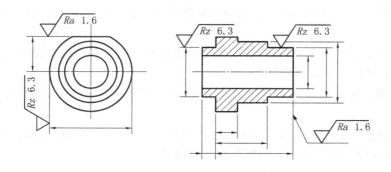

图 4-25　表面粗糙度的标注位置（5）

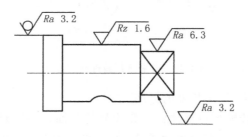

图 4-26　表面粗糙度的标注位置（6）

2. 表面粗糙度参数标注

（1）极限值的标注

标注单向或双向极限以表示对表面粗糙度的明确要求，偏差与参数代号应一起标注。当只标注参数代号、参数值时，默认为参数的上限值（图 4-27(a)）；当参数代号、参数值作为参数的单向下限值标注时，参数代号前应该加注 L（图 4-27(b)）。

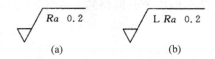

图 4-27　单向极限值的注法

当在完整符号中表示双向极限时,应标注极限代号,上限值在上方用 U 表示,下限值在下方用 L 表示。上下极限可以用不同的参数代号表达,图 4-28。如果同一参数具有双向极限要求,在不引起歧义的情况下,可以不加注 U、L。

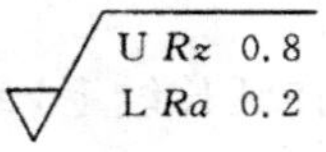

$$\sqrt{\begin{array}{l}U\ Rz\ 0.8\\L\ Ra\ 0.2\end{array}}$$

图 4-28　双向极限值的注法

(2) 极限值判断规则的标注

国标 GB/T 10610-1998 中规定,表面粗糙度极限值的判断规则有两种,分别是 16% 规则和最大规则。

①16% 规则。运用本规则时,当被检表面测得的全部参数值中,超过极限值的个数不多于总个数的 16% 时,该表面是合格的。

②最大规则。运用本规则时,被检的整个表面上测得的参数值一个也不应超过给定的极限值。

16% 规则是所有表面粗糙度要求标注的默认规则。如果标注的表面粗糙度参数代号后加注"max",这表明应采用最大规则解释其起给定极限。

如图 4-29 示,(a)采用"16% 规则"(默认),而(b)因为加注了"max",故采用"最大规则"。

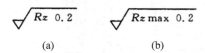

图 4-29　极限值判断规则的注法

(3)传输带和取样长度、评定长度的标注

需要指定传输带时,传输带应标注在参数代号的前面,并用斜线"/"隔开。传输带标注包括滤波器截止波长(mm),短波滤波器在前,长波滤波器在后,并用连字母"—"隔开。如图 4-30 所示,其传输带为 0.0025~0.8mm。

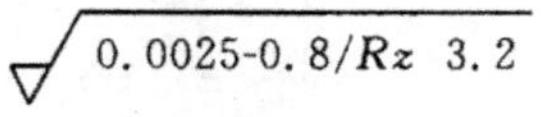

$$\sqrt{0.0025\text{-}0.8/Rz\ 3.2}$$

图 4-30　传输带的完整注法

在某些情况下,在传输带中只标注了两个滤波器中的一个。如果存在第二个滤波器,使用默认的截止波长值。如果只标注了一个滤波器,应保留"一"来区分是短波滤波器还是长波滤波器。如图 4-31,表示长波滤波器截止波长为 0.8mm,短波滤波器截止波长默认为 0.0025mm。

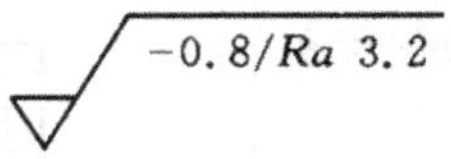

$$\sqrt{\quad -0.8/Ra\ 3.2}$$

图 4-31　传输带的省略注法

当需要指定评定长度时,则应在参数符号的后面注写取样长度的个数。如图 4-32,表示评定长度包含 3 个取样长度。

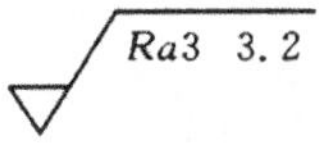

$$\sqrt{\quad Ra3\ 3.2}$$

图 4-32　指定取样长度个数的注法

(4)加工方法或相关信息的注法

轮廓曲线的特征对实际表面的表面粗糙度参数值影响很大。标注的参数代号、参数值和传输带只作为表面粗糙度要求,有时不一定能够完全准确地表示表面功能。加工工艺在很大程度上决定了轮廓曲线的特征,因此,一般应注明加工工艺。加工工艺所用文字按图 4-33 所示方法在完整符号中注明,其中图 4-33(b)表示的是镀覆的示例,使用了 GB/T 13911 中规定的符号。

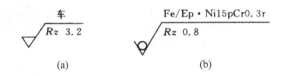

(a)　　　　　　　(b)

图 4-33　车削加工和镀覆的注法

(5)需要控制表面加工纹理方向时,可在符号的右边加注加工纹理方向符号,如图 4-34。纹理方向是指表面纹理的主要方向,通常由加工工艺决定。表 4-13 包括了表面粗糙度所要求的与图样平面相应的纹理及其方向。

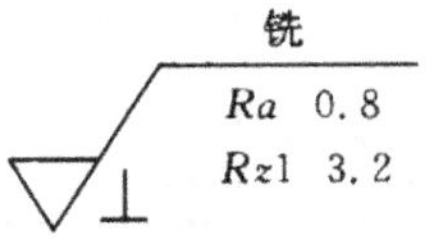

$$\sqrt{\quad \begin{matrix} 铣 \\ Ra\ 0.8 \\ Rz1\ 3.2 \end{matrix}} \perp$$

图 4-34　垂直于视图所在投影面的表面纹理方向的注法

表 4-13　表面纹理的标注

符　号	说　明	示意图
=	纹理平行于标注代号的视图所在的投影面	纹理方向
⊥	纹理垂直于标注代号的视图所在的投影面	纹理方向
×	纹理呈两斜向交叉且与视图所在的投影面相交	纹理方向
M	纹理呈多方向	
C	纹理呈近似同心圆,且圆心与表面中心相关	
R	纹理呈近似放射状,且圆心与表面中心相关	
P	纹理呈微粒、凸起、无方向	

注:若表中所列符号不能清楚地表明所要求的纹理方向,应在图样上用文字说明。

（6）加工余量的标注

在同一图样中，有多个加工工序的表面可标注加工余量。加工余量可以是加注在完整符号上的唯一要求，也可以同表面粗糙度的其他要求一起标注。见图 4-35，(a)表示该表面有 2mm 的加工余量，(b)表示该表面在有 3mm 的加工余量的同时，还有其他要求，如轮廓最大高度 3.2mm、车削加工等。

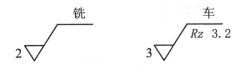

图 4-35　加工余量的注法

3. 表面粗糙度要求的简化标注

（1）如果在工件的多数（包括全部）表面有相同的表面结构要求时，则其表面粗糙度要求可统一标注在图样的标题栏附近。此时（除全部表面有相同要求的情况外），表面粗糙度要求的符号后面有：

①在圆括号内给出无任何其他标注的基本符号（图 4-36(a)）；

②在圆括号内给出不同的表面粗糙度要求（图 4-36(b)）。

不同的表面粗糙度要求应直接标注在图形中（图 4-36）。

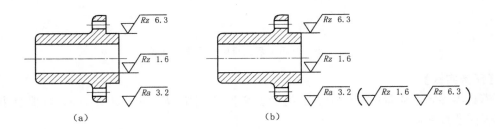

图 4-36　表面粗糙度的简化标注(1)

（2）当多个表面具有相同的表面粗糙度要求或图纸空间有限时，可以采用简化注法。

可用带字母的完整符号，以等式的形式，在图形或标题栏附近，对有相同表面粗糙度的表面进行简化注法（图 4-37）。

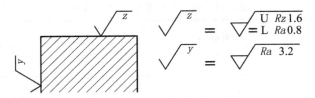

图 4-37　表面粗糙度的简化标注(2)

可用表 4-11 中的前三种表面粗糙度符号，以等式的形式给出对多个表面共同的表面粗糙度要求(图 4-38)。

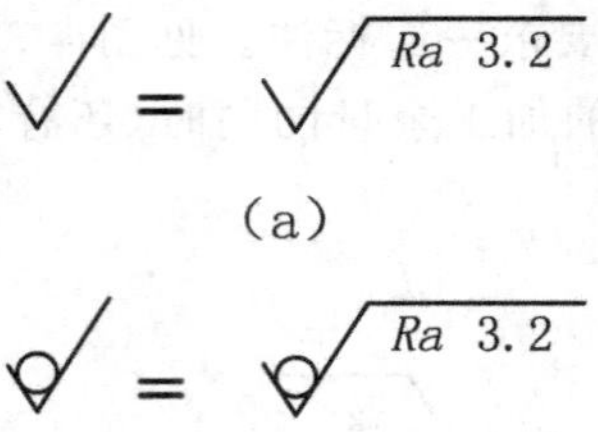

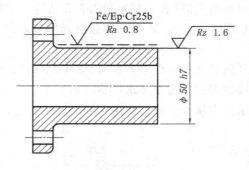

图 4-38　表面粗糙度的简化标注(3)

由几种不同的工艺方法得到的同一表面,当需要明确每种工艺方法的表面粗糙度要求时,可按图 4-39 进行标注。

图 4-39　不同工艺获得同一表面的注法

【任务实践】

模具零件表面质量的高低用表面粗糙度衡量,通常以 $Ra(\mu m)$ 表示。Ra 数值愈小,表示其表面质量愈高。

模具零件的工作性能如耐磨性、抗蚀性及强度等,在很大程度上受其表面质量的影响。模具零件的表面质量越高,其寿命也越长。

但从另一方面看,对模具零件表面质量要求过高,则增加了模具制造成本。

因此,应合理选用模具零件的表面粗糙度。模具零件常用的表面粗糙度要求列于表 4-14,可供模具设计时参考。

表 4-14　模具零件表面粗糙度选用

使用范围	粗糙度数值(μm) GB1031-83(新标准)
抛光的转动体表面	0.1,0.2
抛光的成形面及平面	0.2,0.4
1. 压弯、拉深、成形的凸模和凹模工作表面 2. 圆柱表面和平面的刃口 3. 滑动和精确导向的表面	0.4,0.8

续表 4-14

使用范围	粗糙度数值(μm) GB1031-83(新标准)
1. 成形的凸模和凹模刃口;凸模凹模镶块的结合面 2. 过盈配合和过渡配合的表面——用于热处理零件 3. 支承定位和紧固表面——用于热处理零件 4. 磨加工的基准面;要求准确的工艺基准表面	0.8,1.6
1. 内孔表面——在非热处理零件上配合用 2. 模座平面	1.6,3.2
1. 不磨加工的支承、定位和紧固表面——用于非热处理的零件 2. 模座平面	3.2,6.3
不与冲压制件及模具零件接触的表面	6.3,12.5
粗糙的不重要表面	12.5,25
不需机械加工的表面	∇

第5章　模具零件三坐标的检测

【项目导读】

近年来,随着信息技术的发展,三坐标检测应用日益增多,已经成为常规检测手段。三坐标检测技术也是模具设计与制造人员必须具备的基本能力。项目通过三坐标检测知识的学习,掌握三坐标检测操作方法,能合理使用三坐标检测手段评价零件尺寸精度、几何精度。

任务 1　三坐标检测技术认知

【任务目标】

1. 了解坐标检测技术。

2. 了解三坐标测量机的基本组成及其功效。

【相关知识】

5.1.1　坐标检测简介

三坐标测量机是基于坐标测量的通用化数字测量设备。它首先将各被测几何元素的测量转化为对这些几何元素上一些点集坐标位置的测量,在测得这些点的坐标位置后,再根据这些点的空间坐标值,经过数学运算求出其尺寸和形位误差。

坐标测量机作为一种精密、高效的空间长度测量仪器,它能实现许多传统测量器具所不能完成的测量工作,其效率比传统的测量器具高出十几倍甚至几十倍。而且坐标测量机很容易与 CAD 连接,把测量结果实时反馈给设计及生产部门,借以改进产品设计或生产流程。

传统测量是将被测量和基准进行比较,坐标测量实际上是基于空间点坐标的采集和计算。传统测量和坐标测量技术在具体运用和操作过程中,都存在有许多各自的特点(表 5-1)。

表 5-1　传统测量和坐标测量的特点和比较

比较内容	传统测量	坐标测量
测量精度	当使用专用测量工具时,单个几何特征不确定度可能更小	由于测量原理、方法与规范等方面的原因,单个几何特征不确定度不容忽略
操作规范	已有相应的检测与误差评定规范和方法	尚未形成完整的检测与误差评定规范和方法

比较内容	传统测量	坐标测量
被测工件定位要求	在几何特征方向和位置误差测量时,需根据检测规范,将工件精确定位	测量中工件无需精确定位
对工件的适应性	测量复杂工件需使用专用测量工具或做多工位转换,准备和测量过程复杂,对测量任务变化的适应性差	凭借测量程序、探针系统(组合)和装夹系统的柔性,能快速面对并完成不同的测量任务
评定的基准	通过基准模拟和基准体系的建立,将工件直接与实物标准器或标准器体系比较并进行误差评定	通过对基准的拟合和基准体系的建立,将被测工件与理论模型比较并进行误差评定
测量功能	尺寸误差和几何误差需使用不同的工具进行测量评定	尺寸误差和几何误差的测量与评定可在一台仪器上完成
测量结果特点	测量结果相互独立,很难进行综合处理	能方便地生成一体化、较完整的测量或统计报告
操作方式	以手工测量为主,数据稳定性保证困难,工作效率低	通过编程实现自动测量,数据稳定,工作效率高,特别适用于批量测量
测量时间	准备与测量操作时间较长,特别是在批量测量时	准备与测量时间较短,特别是在批量测量时
从业人员要求	对测量人员的技能水平要求高	对测量人员的综合技术素养要求高

与传统测量技术相比,坐标测量技术具有极大的万能性,同时方便进行数据处理及过程控制。因而在精密检测和产品质量控制上起到关键作用。坐标测量机作为一种高效率的精密几何量检测设备,在推动我国制造业的发展方面起着越来越重要的作用。尤其是在我国汽车工业、模具、造船等产业逐步走上核心技术自主开发,坐标测量更是企业技术进步、产品升级、质量控制等不可或缺的检测手段。

5.1.2 坐标测量机结构形式

1. 直角坐标测量机

三坐标测量机的结构形式主要取决于三组坐标轴的相对运动方式,它对测量机的精度和适用性影响很大。常用的直角坐标测量机结构有移动桥式、固定桥式、水平悬臂式、龙门式等四类结构,这四类结构都有互相垂直的三个轴及其导轨,坐标系属正交坐标系。

(1)移动桥式结构

移动桥式结构由四部分组成:工作台、桥架、滑架、Z 轴。

桥架可以在工作台上沿着导轨作前后向平移,滑架可沿桥架上的导轨沿水平方向移动、Z 轴在则可以在滑架上沿上下方向移动,测头则安装在 Z 轴下端,随着 X、Y、Z 的三个方向平移接近安装在工作台上的工件表面,完成采点测量。

移动桥式结构(图 5-1)是目前坐标测量机应用最为广泛的一类坐标测量结构,是目前中小型测量机的主要采用的结构类型,结构简单、紧凑,开敞性好,工件装载在固定平台上不影响测量机的运行速度,工件质量对测量机动态性能没有影响,因此承载能力较大,本身具有台面,受地基影响相对较小,精度比固定桥式稍低。缺点是桥架单边驱动,前后方向(Y 向)光栅尺布置在工作台一侧,Y 方向有较大的阿贝臂,会引起较大的阿贝误差。

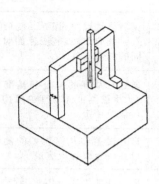

图 5-1 移动桥式结构

(2)固定桥式结构

固定桥式结构(图 5-2)由四部分组成:基座台(含桥架)、移动工作台、滑架、Z 轴。

固定桥式与移动桥式结构类似,主要的不同在于,移动桥式结构中,工作台固定不动,桥架在工作台上沿前后方向移动;而在固定式结构中,移动工作台承担了前后移动的功能,桥架固定在机身中央不做运动。

高精度测量机通常采用固定桥式结构。固定桥式测量机的优点是结构稳定,整机刚性强,中央驱动,偏摆小,光栅在工作台的中央,阿贝误差小,X、Y 方向运动相互独立,相互影响小;缺点是被测量对象由于放置在移动工作台上,降低了机器运动的加速度,承载能力较小;操作空间不如移动桥式开阔。

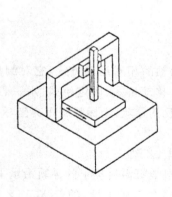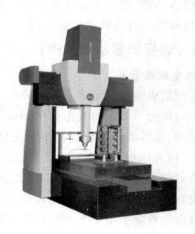

图 5-2 固定桥式结构

(3)水平悬臂式结构

水平悬臂式结构(图 5-3)由三部分组成:工作台、立柱、水平悬臂。

立柱可以沿着工作台导轨前后平移,立柱上的水平悬臂则可以沿上下和左右两个方向平移,测头安装于水平悬臂的末端,零位 $A(0°,0°)$ 水平平行于悬臂,测头随着悬臂在三个方向上的移动接近安装于工作台上的工件,完成采点测量。

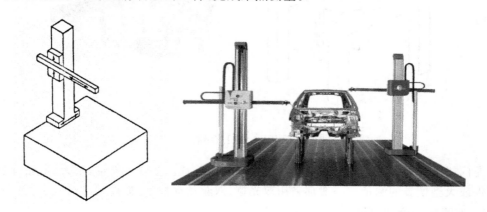

图 5-3　水平悬臂式结构

与水平悬臂式结构类似,还有固定工作台水平悬臂、移动工作台水平悬臂两类结构,只不过,这两类悬臂的测头安装方式与水平悬臂不同,测头零位 $A(0°,0°)$ 方向与水平悬臂垂直。

水平悬臂测量机在前后方向可以做得很长,目前行程可达十米以上,竖直方向即 Z 向较高,整机开敞性比较好,是汽车行业汽车各种分总成、白车身测量机最常用的结构。

优点:结构简单,开敞性好,测量范围大。

缺点:水平悬臂变形较大,悬臂的变形与臂长成正比,作用在悬臂上的载荷主要是悬臂加测头的自重;悬臂的伸出量还会引起立柱的变形。补偿计算比较复杂,因此水平悬臂的行程不能做得太大。在白车身测量时,通常采用双机对称放置,双臂测量。当然,前提是需要在测量软件中建立正确的双臂关系。

(4)龙门式结构

龙门式结构(图 5-4)基本由四部分组成:在前后方向有两个平行的被立柱支撑在一定高度上的导轨,导轨上架着左右方向的横梁,横梁可以沿着这两列导轨做前后方向的移动,而 Z 轴则垂直加载在横梁上,既可以沿着横梁作水平方向的平移,又可以沿竖直方向上下移动。测头装载于 Z 轴下端,随着三个方向的移动接近安装于基座或者地面上的工件,完成采点测量。

龙门式结构一般被大中型测量机所采用。地基一般与立柱和工作台相连,要求有较好的整体性和稳定性;立柱对操作的开阔性有一定的影响,但相对于桥式测量机的导轨在下、桥架在上的结构,移动部分的质量有所减小,有利于测量机精度及动态性能的提高,因此,一些小型带工作台的龙门式测量机应运而生。

龙门式结构要比水平悬臂式结构的刚性好,对大尺寸测量而言具有更好的精度。龙门式测量机在前后方向上的量程最长可达数十米。缺点是与移动桥式结构相比结构复杂,要求较好的地基;单边驱动时,前后方向(Y 向)光栅尺布置在主导轨一侧,在 Y 方向有较大的阿贝臂,会引起较大的阿贝误差。所以,大型龙门式测量机多采用双光栅/双驱动模式。

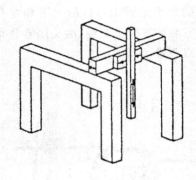

图 5-4　龙门式结构

龙门式坐标测量机是大尺寸工件高精度测量的首选。适合于航空、航天、造船行业的大型零件或大型模具的测量。一般都采用双光栅、双驱动等技术,提高精度。

2. 非直角坐标测量机

直角坐标的框架式三坐标测量机的空间补偿数学模型较成熟,具有精度高、功能完善等优势,因而在中小工业零件的几何量检测中至今仍占有绝对统治地位,但是由于不便于携带和框架尺寸的限制,对大尺寸的测量,现场的零件测量、较隐蔽部位的测量任务,它的应用受到了限制。便携式测量系统的出现,迎合了该类需求。

因此在直角坐标测量概念的基础上,开发出非直角坐标测量系统——便携式测量系统。便携式测量系统有如下特点:

①在结构上突破直角框架的形式。

②在坐标系上更多的应用矢量坐标系或球坐标系。

③在探测系统上除了传统的接触式探测系统,更多的应用非接触探测系统视频或激光甚至雷达系统。

④由于计时系统的精确性大大提高,现在常常把距离的测量变为时间间隔的测量。

⑤重量轻便于携带。

这里主要介绍关节臂测量机和激光跟踪仪结构。

(1)关节臂测量机

关节臂测量机是由几根固定长度的臂通过绕互相垂直轴线转动的关节(分别称为肩、肘和腕关节)互相连接,在最后的转轴上装有探测系统的坐标测量装置,如图 5-5 所示。

测头分为接触式或非接触式,接触式测头可以是硬测头或触发测头,适应于大多数测量场合的需要;对于管件类工件可采用专门的红外管件测头;逆向工程时可配激光扫描测头。

与桥式坐标测量机相比,关节臂测量机精度有限,测量范围(空间直径)可达 5 米。另外采用软件的方式如蛙跳,硬件的方式如直线导轨来延长关节臂的测量范围。关节臂测量机具有对环境因素的不敏感,以及轻便、对场地占用小的特点,非常适合室外测量和被测工件不便移动的情况,广泛用于车间现场如焊装夹具的测量。

(2)激光跟踪仪

激光跟踪仪(图 5-6)是一台以激光为测距手段配以反射靶标进行 3D 或 6D 测量的仪器,它同时配有绕两个轴转动的测角机构,形成一个完整球坐标测量系统;可以用它来测量

(a) 激光扫描测头关节臂

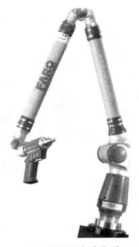

(b) 测针测头关节臂

图 5-5　关节臂测量机

图 5-6　激光跟踪仪结构

静止目标,跟踪和测量移动目标或它们的组合。

　　(3)手持式扫描仪

　　手持式扫描仪(图 5-7)是便携式测量设备的一种,是继基于三坐标测量机的激光扫描系统、柔性测量关节臂的激光扫描系统之后的三维激光扫描系统。它使用线激光来获取物体表面点云,用视觉标记(圆点标记)来确定扫描仪在工作过程中的空间位置。手持式扫描仪具有灵活、高效、易用的优点,应用于外貌轮廓检测。

5.1.3　坐标测量机基本组成

　　对于坐标测量系统的机构组成,根据坐标测量机的工作模式情况(图 5-8),坐标测量系统主要包括以下结构:主机,探测系统,控制系统,软件系统。

图 5-7　手持式扫描仪

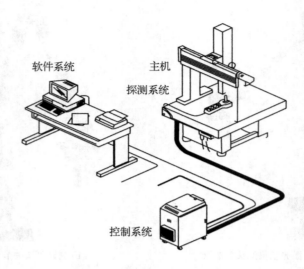

图 5-8　坐标测量系统的组成

1. 坐标测量机主机

坐标测量机主机,也即测量系统的机械主体,为被测工件提供相应的测量空间,并携带探测系统(测头),按照程序要求进行测量点的采集。

主机的结构主要包括代表笛卡尔坐标系的三个轴及其相应的位移传感器和驱动装置、含工作台、立柱、桥框等在内的机体框架。

坐标测量机的主机结构如图 5-9 所示。

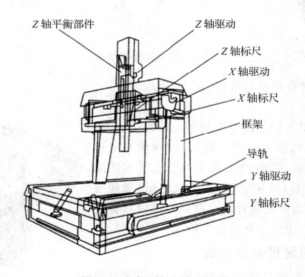

图 5-9　坐标测量机主机机构

(1)框架结构

机体框架主要包括工作台、立柱、桥架及保护罩,工作台一般选择花岗岩材质,立柱和桥框一般可选择花岗岩或者铝合金材质,保护罩常采用工程塑料或者铝合金材质。

（2）标尺系统

标尺系统是测量机的重要组成部分，是决定仪器精度的一个重要环节。所用的标尺系统包括有线纹尺、光栅尺、磁尺、精密丝杠、同步器、感应同步器及光波波长等。坐标测量机一般采用测量几何量用的计量光栅中的长光栅，该类光栅一般用于线位移测量，是坐标测量机的长度基准，刻线间距范围为从 $2\mu m$ 到 $200\mu m$。

（3）导轨

导轨是测量机实现三维运动的重要部件。常采用滑动导轨、滚动轴承导轨和气浮导轨，而以气浮静压导轨较广泛。气浮导轨由导轨体和气垫组成，有的导轨体和工作台合二为一。气浮导轨还应包括气源、稳定器、过滤器、气管、分流器等一套气动装置。

（4）驱动装置

驱动装置是测量机的重要运动机构，可实现机动和程序控制伺服运动的功能。在测量机上一般采用的驱动装置有丝杠螺母、滚动轮、光轴滚动轮、钢丝、齿形带、齿轮齿条等传动，并配以伺服马达驱动，同时直线马达也正在增多。

（5）平衡部件

平衡部件主要用于 Z 轴框架结构中，其功能是平衡 Z 轴的重量，以使 Z 轴上下运动时无偏重干扰，使检测时 Z 向测力稳定。Z 轴平衡装置有重锤、发条或弹簧、汽缸活塞杆等类型。

（6）转台与附件

转台是测量机的重要元件，它使测量机增加一个转动的自由度，便于某些种类零件的测量。转台包括数控转台、万能转台、分度台和单轴回转台等。

坐标测量机的附件很多，视测量需要而定。一般指基准平尺、角尺、步距规、标准球体、测微仪以及用于自检的精度检测样板等。

2. 标尺系统

标尺系统，也称为测量系统，直接影响坐标测量机的精度、性能和成本。不同的测量系统，对坐标测量机的使用环境也有不同的要求。光栅尺元件如图 5-10 所示。

图 5-10 光栅尺元件

测量系统可以分为机械式测量系统、光学式测量系统和电气式测量系统。其中，使用最多的是光栅，其次是感应同步器和光学编码器。对于高精度测量机可采用激光干涉仪测量

131

系统。

光栅的种类很多，在玻璃表面上制有透明和不透明间隔相等的线纹，称为透射光栅。在金属镜面上制成全反射或漫反射并间隔相等的线纹，称为反射光栅。也可以把线纹做成具有一定衍射角度的光栅。

3. 控制系统

控制系统在坐标测量过程中的主要功能体现在：读取空间坐标值，对测头信号进行实时响应与处理，控制机械系统实现测量所必需的运动，实时监测坐标测量机的状态以保证整个系统的安全性与可靠性，有的还对坐标测量机进行几何误差与温度误差补偿以提高测量机的测量精度。

控制系统按照自动化程度可以分为手动型、机动型及数控型 CNC(computer numerical control)三种类型。

手动型和机动型控制系统主要完成空间坐标值的监控与实时采样，主要用于经济型的小型测量机。手动型控制系统结构简单，机动型控制系统则在手动型基础上添加了对测量机三轴电机、驱动器的控制，机动型控制系统是手动型和数控型控制系统的过渡机型。

数控型控制系统的测量过程是由计算机控制的，它不仅可以实现全自动点对点触发和模拟扫描测量，也可像机动控制系统那样通过操纵盒摇杆进行半自动测量，随着计算机技术及数控技术的发展，数控型控制系统的应用意味着整个测量机系统将获得更高的精度、更高的速度、更好的自动化和智能化水平。

4. 探测系统

探测系统是由测头及其附件组成的系统，测头是测量机探测时发送信号的装置，它可以输出开关信号，亦可以输出与探针偏转角度成正比的比例信号，它是坐标测量机的关键部件，测头精度的高低很大程度决定了测量机的测量重复性及精度，不同零件需要选择不同功能的测头进行测量。

坐标测量机是靠测头来拾取信号的，其功能、效率、精度均与测头密切相关。没有先进的测头，就无法发挥测量机的功能。测头的两大基本功能是测微（即测出与给定标准坐标值的偏差量）和触发瞄准并过零发信号。

按结构原理，测头可分为机械式、光学式和电气式等。其中，机械式主要用于手动测量；光学式多用于非接触测量；电气式多用于接触式的自动测量。

按测量方法，测头根据其功能可以分为触发式、扫描式、非接触式（激光、光学）等。

(1)触发式测头

触发式测头(trigger probe,图 5-11)又称为开关测头，是使用最多的一种测头，其工作原理是一个开关式传感器。当测针与零件接触而产生角度变化时，发出一个开关信号。这个信号传送到控制系统后，控制系统对此刻的光栅计数器中的数据锁存，经处理后传送给测量软件，表示测量了一个点。

(2)扫描式测头

扫描式测头(scanning probe,图 5-12)又称为比例测头或模拟测头，有两种工作模式：一种是触发式模式，一种是扫描式模式。扫描测头本身具有三个相互垂直的距离传感器，可以感觉到与零件接触的程度和矢量方向，这些数据作为测量机的控制分量，控制测量机的运动轨迹。扫描测头在与零件表面接触、运动过程中定时发出信号，采集光栅数据，并可以根据

图 5-11　触发式测头

图 5-12　扫描式测头

设置的原则过滤粗大误差,称为"扫描"。扫描测头也可以触发方式工作,这种方式是高精度的方式,与触发式测头的工作原理不同的是它采用回退触发方式。

(3)非接触式(激光、光学)测头

非接触式测头(non-contact probe,图 5-13)是不需要与待测表面发生实体接触的探测系统,例如光学探测系统、激光扫描探测系统等。

在三维测量中,非接触式测量方法由于其测量的高效性和广泛的适应性而得到了广泛的研究,尤其是以激光、白光为代表的光学测量方法更是备受关注。根据工作原理的不同,光学三维测量方法可分成多个不同的种类,包括摄影测量法、飞行时间法、三角法、投影光栅法、成像面定位方法、共焦显微镜方法、干涉测量法、隧道显微镜方法等。采用不同的技术可以实现不同的测量精度,这些技术的深度分辨率范围为 103~106mm,覆盖了从大尺度三维形貌测量到微观结构研究的广泛应用和研究领域。

图 5-13　非接触式测头

（4）测座

如图 5-14 所示。测座控制器可以用命令或程序控制并驱动自动测座旋转到指定位置。手动的测座只能由人工手动方式旋转测座。

图 5-14　测座

（5）附件

加长杆和探针（图 5-15），适于大多数检测需要的附件。可确保测头不受限制地对工件所有特征元素进行测量，且具测量较深位置特征的能力。

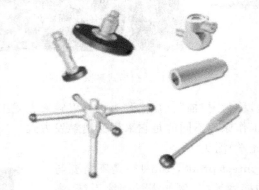

图 5-15　加长杆和探针

测头更换架（图 5-16），可对测量机测座上的测头/加长杆/探针组合进行快速、可重复的更换。可在同一的测量系统下对不同的工件进行完全自动化的检测，避免程序中的人工干预，提高测量效率。

5．探针及其功能说明

探针是坐标测量机的重要部分，主要用来触测工件表面，使得测头的机械装置移位，产生信号触发并采集一个测量数据。测头与探针的选择和使用在工业测量中发挥着重大作用，是非常关键的要素。在实际的测量过程中，对探针的正确选择是一门非常重要的课题，如果使用的测球球度差、位置不正、螺纹公差大，或因设计不当使测量时产生过量的挠度变形，则很容易降低测量效果。

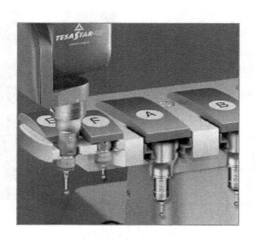

图 5-16 测头更换架

一般的探针都是由一个杆和红宝石球组成。

探针几个主要的术语:A——探针直径 l;B——总长;C——杆直径;D——有效工作长度(EWL),如图 5-17 所示。

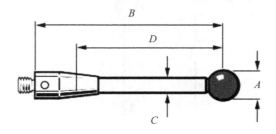

图 5-17 探针示意图

总长:指的是从探针后固定面到测尖中心的长度。

有效工作长度(EWL):指的是从测尖中心到与一般测量特征发生障碍的探针点的距离。

随着工业的发展,面对千变万化而又复杂的加工件要求日益提高,精度检验的要求就更加严苛。为保证检测精度,减少量测结果影响因素,坐标测量提供不同探针类型,为适应不同零件外形的检测需要。

(1)球形探针(ball stylus)

球形探针(图 5-18)的用途及特征:多用于尺寸、形位、坐标测量等多样检测,球直径一般为 0.3～8.0mm;材料主要使用硬度高,耐磨性强的工业用红宝石。

(2)星形探针(star stylus)

星形探针(图 5-19)的用途及特征:用于多形态的多样工件测量,同时校正并使用多个探针,所以可以使探针运动最小化,并测量侧面的孔或槽等,使用和球形探针一样的方法进行校正。

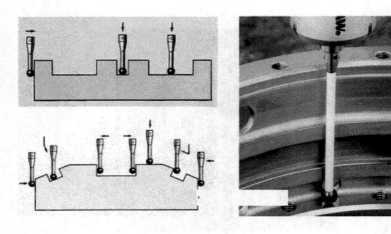

图 5-18　球形探针

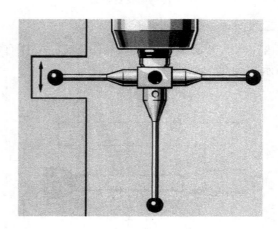

图 5-19　星形探针

（3）圆柱形探针

圆柱形探针（图 5-20）的用途及特征：适用于利用圆柱形的侧面，测量薄断面间的尺寸、曲线形状或加工的孔等；只有圆柱形的断面方向的测量有效，轴方向上测量困难的情况很多（圆柱形的底部分加工成和圆柱形轴同心的球模样时，在轴方向上的测量也可能）；使用圆柱形探针整体（高度）时，圆柱形轴和坐标测量机轴要一致（一般最好在同一断面内进行测量）。

（4）盘形探针（disk probe）

盘形探针（图 5-21）的用途及特征：在球的中心附近截断做成的盘模样的探针，盘形断面的形状因为是球，所以校正原理和球形探针相同。利用外侧直径部分或厚度部分进行测量。适用于测量瓶颈面间的尺寸、槽的宽或形状等，利用环规校正较便利。

（5）点式探针

点式探针（图 5-22）的用途及特征：用于测量精密度低的螺丝槽，标示的点或裂纹划痕等，比起使用具有半径的点式探针的情况，可以精密地进行校正，用于测量非常小的孔的位置等。

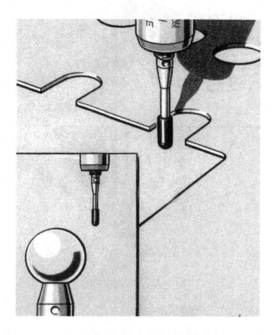

图 5-20　圆柱形探针

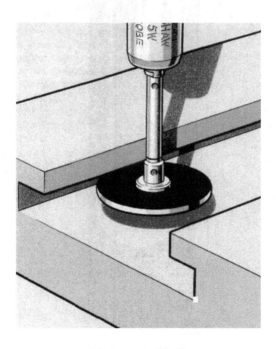

图 5-21　盘形探针

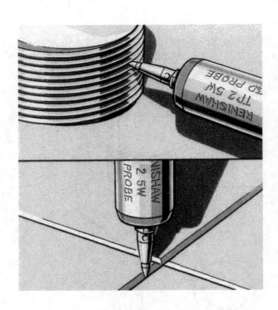

图 5-22　点式探针

（6）半球形探针

半球形探针（图 5-23）的用途及特征：用于测量深处的形状特征和孔等，表面粗糙的工件的测量也有效。

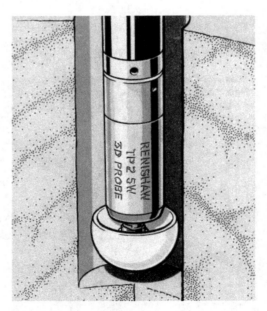

图 5-23　半球形探针

6. 软件系统

对坐标测量机的要求主要是精度高、功能强、操作方便，其中，坐标测量机的精度主要取决于机械结构、控制系统和测头，而功能则主要取决于软件，操作方便与否也与软件有很大关系。

测量软件的作用在于指挥测量机完成测量动作,并对测量数据进行计算和分析,最终给出测量报告。

坐标测量系统由德国 PTB 认证通过的测量软件包括:Rational-DMIS(爱科腾瑞)(图 5-24)、METROLOG(法国)、Calypso(蔡司)、PC-DMIS(海克斯康)、Merosoft CM(温泽)、CAM2 Q(法如)等等。

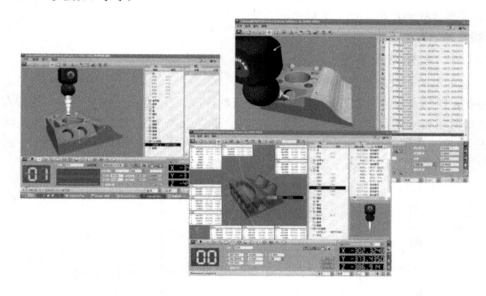

图 5-24　Rational-DMIS 软件界面

【课后练习与思考】

1. 简述三坐标测量机的测量原理。
2. 与传统测量技术相比,坐标测量有何优势?
3. 常见的测量机结构形式有什么,简述各机构形式及优缺点。
4. 简述测量机检测操作注意事项。

任务 2　三坐标检测坐标系统认知

【任务目标】

1. 了解坐标系的概念及各自的特点。
2. 了解坐标测量机中建立坐标系的方法。

【相关知识】

5.2.1　坐标系及矢量

1. 坐标系的定义及分类

一条正向的直线称为轴,加入刻度后称为数轴,可以表示点的一维位置。二维的直角坐标系是由两条相互垂直、0 点重合的数轴构成的。两条互相垂直的数轴,分别指定这两条数轴的正向,把两数轴的交点称为原点,形成一个平面直角坐标系如图 5-25 所示。平面坐标系可分为四个象限,用不同符号组合,可以表示点在各象限的位置。

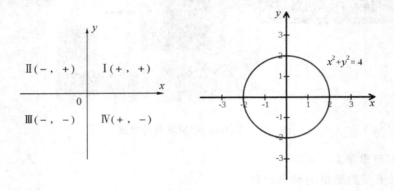

图 5-25　平面直角坐标系(2D)

在平面内,任何一点的坐标是根据数轴上对应的点的坐标设定的。在平面内,任何一点与坐标的对应关系,类似于数轴上点与坐标的对应关系。采用直角坐标,几何形状可以用代数公式明确地表达出来。几何形状的每一个点的直角坐标必须遵守这代数公式。例如,一个圆圈,半径是 2,圆心位于直角坐标系的原点。圆圈可以用公式表达为 $x^2 + y^2 = 4$。

在原本的二维直角坐标系,再添加一个垂直于 x 轴,y 轴的坐标轴,称为 z 轴。三条互相垂直的坐标轴和三轴相交的原点,构成三维空间坐标系。空间的任意一点投影到三轴就会有三个相应的数值,有了三轴相应数值,就对应空间点,即把点数字化描述。如图 5-26 所示,空间坐标系有 8 个象限,用不同正负号组合可以分辨出点的空间所在的象限和位置。有三个工作(投影)平面 XY、YZ、XZ 可以进行点(元素)的投影。

除了使用直角坐标值表示点的坐标位置外,还可以使用极坐标值表示点的坐标位置。如图 5-27 所示。

在平面内由极点、极轴和极径组成的坐标系。在平面上取定一点 O,称为极点。从 O 出发引一条射线 OX,称为极轴。

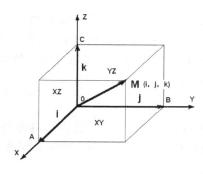

图 5-26　空间直角坐标系(3D)

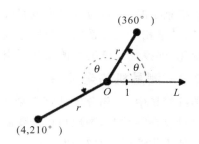

图 5-27　极坐标

取定一个长度单位,通常规定角度取逆时针方向为正。这样,平面上任一点 P 的位置就可以用线段 OP 的长度 ρ 以及从 OX 到 OP 的角度 θ 来确定,有序数对 (ρ,θ) 就称为 P 点的极坐标,记为 $P(\rho,\theta)$;ρ 称为 P 点的极径,θ 称为 P 点的极角。当限制 $\rho\geqslant0,0\leqslant\theta<2\pi$ 时,平面上除极点 O 以外,其他每一点都有唯一的一个极坐标。极点的极径为零时,极角任意。

如图 5-28 所示,圆柱坐标系是一种三维坐标系统。它是二维极坐标系往 z 轴的延伸。添加的第三个坐标专门用来表示 P 点离 xy-平面的高低。径向距离、方位角、高度分别标记为 ρ,φ,H。

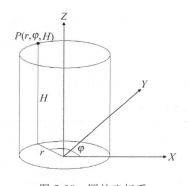

图 5-28　圆柱坐标系

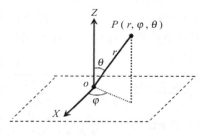

图 5-29　球坐标系

如图 5-29 所示,球坐标系,用以确定三维空间中点、线、面以及体的位置,它以坐标原点为参考点,由方位角、仰角和距离构成。是运用坐标 (ρ,φ,θ) 扩展为三维,其中 ρ 是距离球心的距离,φ 是距离 z 轴的角度(称作余纬度或顶角,角度从 0 到 180°),θ 是距离 x 轴的角度(与极坐标中一样)。

2. 矢量定义

矢量指一个同时具有大小和方向的几何对象,因常常以箭头符号标示以区别于其他量而得名。直观上,矢量通常被标示为一个带箭头的线段(图 5-30)。线段的长度可以表示矢量的大小,而矢量的方向也就是箭头所指的方向。

在测量时,为了表示被测元素在空间坐标系

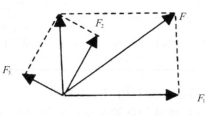

图 5-30　矢量合成与分解

中的方向引入矢量这一概念。如图 5-25 所示,当长度为"1"的空间矢量投影到空间坐标系的三个坐标轴上时,相对应有三个投影矢量。这三个投影矢量的数值与对应轴分别为 i、j、k。当空间矢量相对坐标系的方向发生改变时,其投影在坐标轴上的投影矢量的数值就发生相应的变化,即投影矢量的数值反映了空间矢量在空间坐标系中的方向。

5.2.2 测量机的坐标系

在传统测量中,大部分尺寸都需要事先将零件进行物理找正,可认为是将零件摆平放正。在测量复杂零件时,物理找正需要制作专用的夹具而且需要花费大量的时间进行调试,这样就增加了生产成本,效率低。

使用坐标测量机测量该零件,可以不进行物理找正。将零件平放在测量机工作台的任意方向,只需要将零件的底平面测量出来,通过测量软件的坐标系功能,将底平面建立为坐标系的一个轴向,假设为轴,我们就可以直接在台阶面上测量点,每一个点的坐标值就是该点(或台阶面)到底平面的距离。坐标测量建立坐标系的过程称为零件的数学找正。

随着机械加工技术的发展,对零件检测的要求也越来越高,特别是大批量零件的检测,对检测效率和检测精度有极高的要求,这也明确地对坐标测量机的性能提出了要求,即高精度、高效率、自动化。要让坐标测量机达到这一要求,高精度的零件坐标系是必不可少的一部分。零件坐标系正确与否,直接影响到测量特征的正确性以及距离、夹角和形位公差的计算。

所有测量机都拥有自己的多个运动轴线,将这些轴线的有效组合,形成一个空间的轴系,最常见的是组成直角坐标体系,也就是构成所谓的机器坐标系。而在实际工作时,为了方便工作和计算需要,又会在机器坐标系下设置若干与机器坐标系有关的坐标系。如表 5-2,罗列坐标测量过程中实际可能存在的几种测量坐标系及其用途。

表 5-2　测量坐标系的种类与功能

序号	坐标系名称	坐标系的功能	数量	备注
1	机器坐标系	也称作世界坐标系。是测量机固有的坐标体系,测量机的移动控制、测量操作与测量数值存贮是在这个坐标系下进行的	一个	每台坐标测量机一个,在开机后通过"回零"操作建立
2	工件坐标系	根据测量和评定工作需要,使用工件上几何要素、相关的几何要素或坐标变换操作建立的虚拟坐标系	多个	根据工件测量需要建立,可相互切换使用
3	工作坐标系	也称为基本坐标系、当前坐标系,属工件坐标系中的一个,用以描述和控制当前的测量操作	一个	不同的工作须在相应的坐标系下进行,这一点使用时须注意
4	编程坐标系	也称为启动坐标系或粗定位坐标系,是自动测量程序编制和运行时的虚拟坐标系	一个	该坐标系将简化自动测量程序启动前的工件快速定位操作

这些坐标系的用途主要有:

(1)描述设备控制点的空间位置,在坐标测量系统中,该控制点一般为探测轴或探测系统上的某一点。对于接触式测量而言,当安装了探针并校准后,则为探针针尖的球心点。

(2)被测工件理论模型的描述,包括工件理论模型(CAD 模型)、理论测量点、理论被测几何要素等。

（3）实测点及实际测量评定信息描述，包括坐标测量过程中的实测点坐标、拟合后的被测要素，误差评定结果等。

坐标测量系统最常用的表达形式是直角坐标系，也有像关节臂测量机、激光跟踪仪等设备使用球坐标系。

5.2.3　零件测量坐标系

工件的几何尺寸公差与几何公差的评定都是在规定的基准坐标体系下进行的。这些测量评定的坐标体系就是误差评定的条件之一。坐标测量过程，零件的评定基准就是通过零件自身的特征建立，即零件测量坐标系。

零件上通常都有许多不同类型的特征，利用至少三个就可以建立一个坐标系。但是，零件在加工后每一个加工的特征都存在不同的形状误差，特征之间存在不同的位置误差，当我们使用不同的特征建立坐标系时，实际得到的是不同的坐标系，从而导致测量结果不准确。这里通过孔位置度的评定实例说明坐标系的基准影响。

零件的设计、加工、检测都是以满足零件装配要求为前提。基准特征可以依据装配要求按顺序选择，同时基准特征应该能确定零件在机器坐标系下的六个自由度。例如，在零件上选择三个互相垂直的平面是可以建立一个坐标系的，如果选择三个互相平行的平面，则不能够建立坐标系，因为三个平行的平面只能确定该零件三个自由度。

坐标测量中，测量坐标系的建立基本也可按照以下原则：选择能代表整个零件方向的主装配面或主装配轴线作为第一基准，因为在装配时是用以上特征首先确定零件的方向；选择装配时的辅助定位面或定位孔作为第二基准方向，有的零件有两个定位孔，此时就应该以两个定位孔的连线作为第二基准方向；坐标系原点也应该由以上特征确定。

基准特征的选取直接影响零件坐标系的精度。零件在设计的时候，会指定某几个特征作为该零件的基准特征，我们在建立零件坐标系的时候，必须使用图纸指定的基准特征来建立坐标系。如果设计图纸基准标注不合理或是没有标注基准，这种情况下测量人员不能擅自指定基准特征，而应该将此情况反馈给设计人员或是负责该产品技术开发的技术人员，由他们确定好基准特征后才能开始测量。如果被测零件正在开发过程中或是进行试制的新产品，还不能完全确定基准特征，可以选择加工精度最高、方向和位置具有代表性的几个特征作为基准特征。

5.2.4　直角坐标系的建立方法

利用坐标测量机对工件形位公差、轮廓等多种参数进行检测时，坐标系建立的好坏将直接影响工件的测量精度和测量效率。因此，建立合适的工件坐标系就显得非常重要。

在实际应用中，坐标系建立应根据零件在设计、加工时的基准特征情况而定。坐标测量建立直角坐标系最常用的方法是 3-2-1 建立坐标系法。

1. 3-2-1 法的原理

在空间直角坐标系中，任意零件均有六个自由度，即分别绕 X、Y、Z 轴旋转和分别沿 X、Y、Z 轴平移，如图 5-31 所示。

所谓 3-2-1 法基本原理就是利用平面、直线、点三个特征锁定直角坐标系的六个自由度：

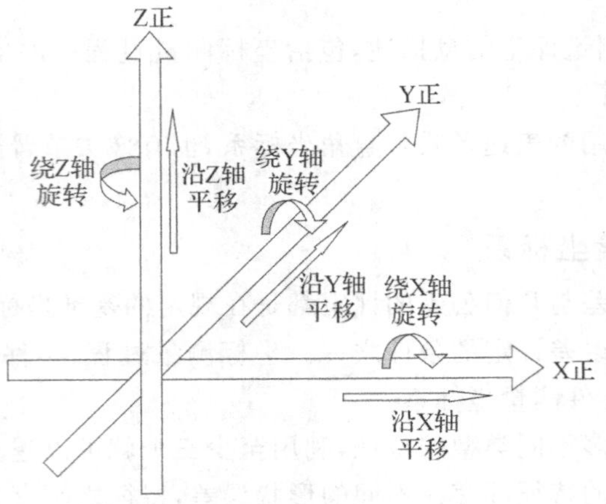

图 5-31 空间直角坐标系下的六个自由度

"3"——测取不在同一直线的 3 个点确定平面,利用此平面的法向矢量作为第一轴向。

"2"——测取 2 个点确定直线,通过直线的方向(起始点指向终止点)作为第二轴向。

"1"——测取 1 点或点元素,用于确定坐标系某一轴向的原点,利用平面、直线、点分别确定三个轴向的零点。

建立零件坐标系就是要确定零件在机器坐标系下的六个自由度。3-2-1 法建立空间直角坐标系分为三个步骤:

(1)找正

确定零件在空间直角坐标系下的 3 个自由度:2 个旋转自由度和 1 个平移自由度。

例如:使用平面的矢量方向找正到坐标系的 Z 正方向,这时就确定了该零件围绕 X 轴和 Y 轴的旋转自由度,同时也确定了零件在坐标系 Z 轴方向的平移自由度。零件还有围绕 Z 轴旋转的自由度和沿 X 轴和 Y 轴平移的自由度。

(2)旋转

确定零件在空间直角坐标系下的 2 个自由度:1 个旋转自由度和 1 个平移自由度。

例如:使用与 Z 正方向垂直或近似垂直的一条直线旋转到 X 正,这时就确定了零件围绕 Z 轴旋转的自由度,同时也确定了零件沿 Y 轴平移的自由度。此时,零件还有沿 X 轴平移的自由度。

需要注意的是,在确定旋转方向时需要进行一次投影计算,将第二基准的矢量方向投影到第一基准找正方向的坐标平面上,计算与找正方向垂直的矢量方向,用该计算的矢量方向作为坐标系的第二个坐标系轴向。

(3)原点

确定零件在空间直角坐标系下的 1 个自由度:1 个平移自由度。

例如:使用矢量方向为 X 正或 X 负的一个点就能确定零件沿坐标系 X 轴平移的自由度。

经过以上三个步骤,我们就能建立一个完整的零件坐标系。除了以上三个功能外,测量软件还应该具备坐标系的转换功能。我们可以指定坐标系的一个轴作为旋转中心,让坐标系的另外二个轴围绕该轴旋转指定的角度,或是坐标系原点沿某个坐标轴平移指定的距离。

如何确定零件坐标系的建立是否正确,可以观察软件中的坐标值来判断。方法是:将软件显示坐标置于"零件坐标系"方式,查看当前探针所处的位置是否正确。或用操纵杆控制测量机运动,使宝石球尽量接近零件坐标系零点,观察坐标显示,然后按照设想的方向运动测量机的某个轴,观察坐标值是否有相应的变化,如果偏离比较大或方向相反,那就要找出原因,重新建立坐标系。

【任务实践】

3-2-1 法建立零件坐标系

(1)实践内容

如图 5-32 所示,为冲孔落料凹模零件。零件测量坐标系的建立优劣对零件尺寸、形状及位置公差的检测结果有直接影响。根据零件检查项目分析,确定零件的坐标系建立位置,使用 Rational-DMIS 测量软件,建立其零件测量坐标系。

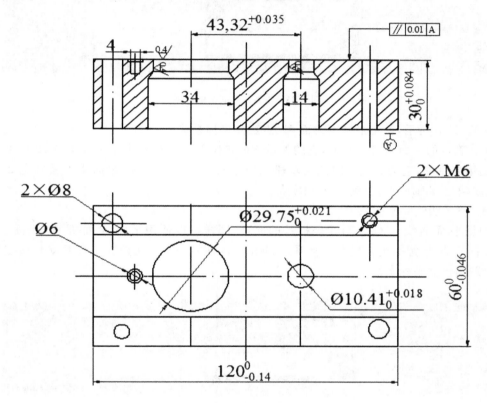

图 5-32 冲孔落料凹模零件

(2)实践步骤

①使用无纺布蘸无水乙醇清洁三坐标测量机的工作导轨与工作台面。

②启动三坐标测量机,检查其气源、供电是否正常。

③根据所需测量尺寸的实际要求,选择合理的测座角度与测针长度、直径。

④根据三坐标测量机的软件要求,对测座进行初次定义。给的测座型号、传感器型号、测头型号、加长杆长度、测针长度与直径、标准球直径,并定义所需测量的角度。

⑤使用标准球进行测头校正。标准球的直径查看其理论值,其直径和形状误差已经过

校准。用手动、自动方式确认标准球位置,使其自动校验测头精度。

⑥根据测量软件的要求,使三坐标测量机的坐标系初始化。

⑦将被测零件放置在工作台面上,目测是被测零件尽可能与机械坐标平行,并使用夹具将其固定。

⑧建立坐标系,使三坐标测量机的机械坐标系转化成零件坐标系。

Rational-DMIS 测量软件为例,结合测量实际,简介测量直角坐标系的建立方法。Raional-DMIS 软件提供了快速 3-2-1 建立坐标法实则是对 3-2-1 法的简化,使用户能更加简单、快速地构建工件坐标系。

● 3-2-1 法建立坐标系

图 5-33 3-2-1 法建立坐标系

如图 5-33 所示,就是最基本的面-线-点建立坐标系法。

3 点确定的平面是第一基准,它的矢量方向锁定新建坐标系中是 Z 正方向;2 点确定的直线是第二基准,它的矢量方向锁定新建立坐标系中是 X 正方向;最后由平面确定 Z 轴原点,直线确定 Y 轴原点,点确定 X 轴原点。

● 3-3-2 法建立坐标系

根据平面-直线-点(3-2-1)建坐标系的原理,同样可以使用平面-平面-平面、平面-直线-直线、平面-直线-圆等组合建立坐标系。如图 5-34 所示,3-3-2 法建立坐标系就是演变的平面-直线-圆建立坐标系法。

图 5-34 3-3-2 法建立坐标系

3 点确定的平面是第一基准,它的矢量方向锁定新建坐标系中是 Z 正方向;2 点确定的直线是第二基准,它的矢量方向锁定新建立坐标系中是 X 正方向;最后由 3 点确定的圆,确定坐标系原点位置在圆心位置。

需要注意的事,当基准特征都为平面-平面-平面时,建议使用构造点功能的隅角点方法构造三个平面的交点作为坐标系原点,当基准特征为平面-直线-直线时,建议使用构造点功能的相交方法的构造两条直线的交点作为坐标系二个轴向的原点。

● 3-3-3 法建立坐标系

如图 5-35 所示为平面-圆-圆(3-3-3)定位坐标系。在建立坐标系时,平面的矢量方向为锁定坐标系的 Z 正方向,圆 1 的圆心坐标值与圆 2 的圆心坐标值连线确定零件坐标系的 X 正方向,圆 1 的圆心作为坐标系 X 轴和 Y 轴的原点,平面作为 Z 轴的原点,得到一个坐标系。

图 5-35　3-3-3 法建立坐标系

(3) 快速平分法建立坐标系

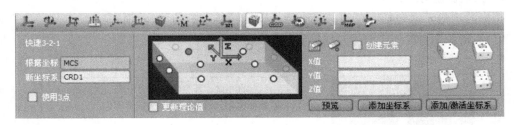

图 5-36　快速平分法建立坐标系

如图 5-36 所示为快速平分法建立坐标系,其建立坐标系方法与 3-2-1 法类似,只是最后将坐标原点位置定位在零件的平分点位置。

任务 3   三坐标检测操作

【任务目标】

1. 了解坐标测量技术几何元素拟合的基本知识。

2. 了解坐标检测工作基本流程。

3. 掌握三坐标测量机各种特征的测量数据采集操作，包括点、线、面、圆柱、圆锥等特征以及扫描功能、元素构造功能。

4. 了解三坐标测量常见难点及对策。

【相关知识】

5.3.1   几何特征元素坐标测量

坐标测量是运用坐标测量机对工件进行形位公差的检验和测量，判断该工件的误差是不是在公差范围之内。从坐标测量原理中可以看到，除了点（包括空间点）以外，工件中的其他常规几何特征，包括直线、圆、平面、圆柱、圆锥、球等，其几何要素都是在点的基本上，通过拟合计算获得的。对于工件上不同特征元素对象其测量方法也是不同的，以方便获得被测量对象的数据。

1. 元素测量方法及拟合

坐标的测量元素包括：点、线、平面、圆、圆柱、圆锥、球、曲线、曲面。

（1）点的测量（图 5-37）

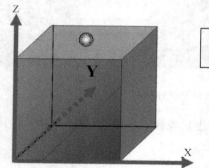

点的测量，其空间位置特征表达是：X、Y、Z 坐标值，矢量方向是测头回退方向。

图5-37

（2）直线的测量和拟合（图 5-38）

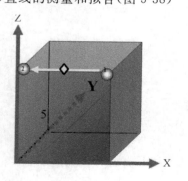

根据直线的几何定义，最少二个测点，就能计算并生成直线，理论上讲，测点越多越精确。

直线的特征是：线特征点的X、Y、Z值和表示线方向的矢量，与线测量方向垂直的工作（投影）平面矢量。(线最少测2个点)

图5-38

（3）圆的测量和拟合（图 5-39）

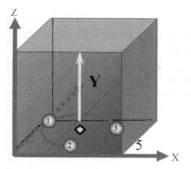

根据圆的几何定义，最少需要3个点才能进行圆的拟合操作并生成圆要素。

圆的特征是：圆心点的坐标 X、Y、Z 值，圆的直径和圆的工作（投影）平面矢量。

由于圆是平面问题，因此所有参与拟合的点要素都应该首先投影到圆平面上。

图5-39

（4）平面的测量和拟合（图 5-40）

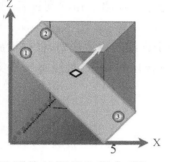

根据平面的几何定义，最少需要3个点要素才能完成平面的拟合操作。

面的特征是：表示面所在位置的特征点 X、Y、Z 值和与面垂直的法向矢量。

拟合生成的平面在坐标测量中是表达为无界的，在进行相关几何误差评定时应该注意。

图5-40

（5）圆柱的测量和拟合（图 5-41）

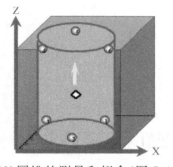

根据圆柱的几何定义，最少需要6个点要素才能完成圆柱的拟合操作。

圆柱的特征是：轴线上特征点的 X、Y、Z 值，圆柱直径和圆柱轴线的矢量。

拟合生成的圆柱面在坐标测量中是表达为无界的，在进行相关几何误差评定时应注意。

图5-41

（6）圆锥的测量和拟合（图 5-42）

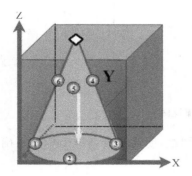

根据圆锥的几何定义，最少需要6个点要素才能完成圆锥的拟合操作。

圆锥的特征是：锥轴线特征点（或锥顶点）的 X、Y、Z 值，圆锥的锥角和锥轴线矢量。

拟合生成的圆锥面在坐标测量中是表达为无界的，在进行相关几何误差评定时应注意。

图5-42

（7）球的测量和拟合（图 5-43）

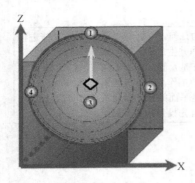

根据球的几何定义，最少需要4个点要素才能完成球的拟合操作。

球的特征是：球心点的X、Y、Z值，球的直径。

从测量精度方面考虑，球的测点分布越开越好。

图5-43

5.3.2　测量基本流程

一项完整的检测任务需要前期充分的准备、规划，才能保证检测工作顺利进行，测量准备是检测工作的基础。

对于一个零件检测，首先应该根据零件和图纸制定一个详细的检测规划，根据检测规划选择合适的夹具，匹配的测头，建立准确的坐标系以及编写合理的程序，最终得到真实的报告。具体流程图如图 5-44 所示。

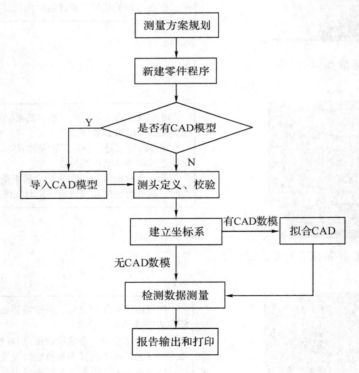

图 5-44　三坐标检测基本流程图

测量规划内容包括：零件装夹方案设计、分析零件图纸，明确测量基准坐标系及确定检测内容。

5.3.3 测量前准备工作

1. 分析零件图纸

进行检测前,必先对零件图纸进行仔细分析,需要确定测量需要的基准坐标系及形位公差检测内容。

(1)确定基准坐标系

基准坐标系是零件测量及形位公差评价的基础,基准坐标系确定需考虑工件的装夹位置、检测方便性等。

(2)确定检测内容

检测内容是指检测任务中工件需要被检测各项参数内容、形位公差,如平面度、垂直度、位置度、轮廓度等。分析过程中,需要明确各项参数、公差的评价要求、基准情况、评价公差需要测量采集的数据等。

2. 测头的选用及校验

(1)测头的选用

测头是测量机触测被测零件的发讯开关,也是坐标测量机采集数据的关键部件,测头精度的高低决定了测量机的测量重复性。不同零件需要选择不同功能的测头进行测量。

(2)测头补偿校验

测头是三坐标测量机数据采集的重要部件。其与工件接触主要通过装配在测头上的测针来完成。

对于不同的工件,测针不同规格。并且对于复杂的工件可能使用多个测头的角度来完成测量。

测头只起到数据采集的作用,其本身不具有数据分析和计算的功能,需要将采集的数据传输到测量软件中进行分析计算。

坐标测量机在测量零件时,是用测针的宝石球与被测零件表面接触,接触点与系统传输的宝石球中心点的坐标相差一个宝石球的半径,需要通过校验得到的测针的半径值,对测量结果修正。

通过校验,消除以下三方面的误差:

①理论测针半径与实际测针半径之间的误差;(红宝石球探测时会有弹性变形,致使实际值小于理论值)

②理论测杆长度与实际测杆长度的误差;

③测头旋转角度之误差。(侧头更换角度过程中出现误差)

通过校验消除以上三个误差,得到正确的补偿值

(3)零件装夹

装夹目的是保证检测零件具有稳定性以及可重复性等因素,在被检测零件放到三坐标平台上进行检测之前,都需要将零件用夹具固定到平台上。

5.3.4 几何元素数据测量

1. 常用几何特征手动测量

使用手动方式测量即使用手动操作控制盒方式在测量零件表面进行触测,得到不同几何元素的方式,叫作手动测量元素。

（1）手动测量点

使用手操盒驱动测头缓慢移动到要采集点的位置上方，尽量保持测点的方向垂直于工件表面，如图 5-45 所示。

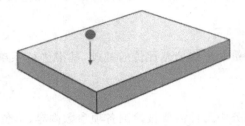

图 5-45　手动测量点示意图

（2）手动测量平面

使用手操盒驱动测头逼近接触零件平面。测量平面的最少点数为 3 点。多于 3 点可以计算平面度，如图 5-46 所示。为使测量的结果真实反映零件的形状和位置，应选取适当的点数和测点位置分布，点数和位置分布对面的位置和形状误差都有影响。一旦所有的测点被采集，点击确定，软件在"图形显示"窗口用特征标识和三角形表示测量的平面，并同时在"编辑窗口"中记录该平面的相关信息。

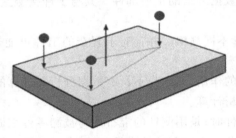

图 5-46　手动测量平面示意图

（3）手动测量直线

使用手操盒将测头移动到指定位置，驱动测头沿着逼近方向在曲面上采集点，如图 5-47所示。如果出现坏点，操作者可将点删除，重新采点。

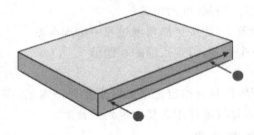

图 5-47　手动测量直线示意图

如果要在指定方向上创建直线，采点的顺序非常重要，起始点到终止点的连线方向决定了直线的方向。确定直线的最少点数为 2 点，多于 2 点可以计算直线度，为确定直线度方向应选择直线的投影面。

（4）手动测量圆

使用手操盒测量圆时，软件保存数据为在圆上采集的点，因此采集时的精确性及测点均匀间隔非常重要。测量前应指定投影平面，以保证测量的准确。测量圆的最少点数为 3 点，多于 3 点可以计算圆度，如图 5-48 所示。

图 5-48　手动测量圆示意图

（5）手动测量圆柱

圆柱的测量方法和测量圆的方法类似，只要圆柱的测量至少需要测量两层圆。必须确保第一层圆测量时点数足够再移到第二层。计算圆柱的最少点数为 6 点（每截面圆 3 点），如图 5-49 所示。控制创建的圆柱轴线方向规则与直线相同，即从起始端面圆指向终止端面圆的方向为圆柱轴线方向。

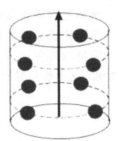

图 5-49　手动测量圆柱示意图

（6）手动测量圆锥

圆锥的测量与圆柱的测量类似，软件会根据直径大小不同判断测量的元素。

要计算圆锥，需要确定圆锥的最少点数为 6 点（每个截面圆 3 点），如图 5-50 所示。确保每个截面测点在同一高度。

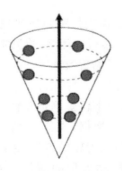

图 5-50　手动测量圆锥示意图

(7)手动测量球

测量球与测量圆相似，只是还需要在球的顶点采集一点，指示软件计算球，如图 5-51 所示。球特征最少点数为 4 点，其中一点需要采集在顶点上。超过 4 点可以计算球度误差。

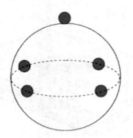

图 5-51　手动测量球示意图

对手动测量是元素，也可通过软件程序判断测得的特征类型，但有时当特征类型不太明确时会出现误判断，如一个比较窄的面可能会判断为一条直线，这时操作需要利用替代推测来进行特征类型的强制转换。

2. 常用几何特征自动测量

在零件坐标系完成以后，可以根据图纸标注的坐标位置，通过对软件的特征元素的定义，驱动测头自动找到零件位置进行测量的过程叫作自动测量过程。

自动测量的几何特征拟合原理，与手动测量相同。是通过程序软件控制测量机运行，进行数据点采集。与手动测量相比，自动测量的触测速度、触测力等都由计算机控制，保证每次触测过程均匀，提高触测点触测的精度，从而保证特征测量的精确性。

要进行自动测量的前提条件：

(1)在建立完零件坐标系。

(2)必须要有被测元素的理论值：

①如果有 CAD 数模，可以用鼠标点取 CAD 上的特征元素；

②如果只有图纸，可以通过键盘输入该元素的理论数据；

不同类型的三坐标测量机，配置的系统不同，自动测量的实施存在差异，以 Rational-DMIS 系统为例，图 5-52，坐标测量自动测量的快速测量点。根据设定区域，进行快速点元素采集。

自动测量最大的优势在于能通过预先程序编程实现零件检测，特别适用于相同零件的批量测量。如图 5-53 所示，依据预先编写的程序，检测零件的曲面、曲线、圆、圆柱孔等几何特征元素。相比手动测量，极大提高了测量效率。

3. 轮廓特征扫描测量

随着现代工业的发展，测量过程中不仅要测量零件的尺寸和位置公差，还要对零件的外形和曲线曲面进行测量，分析工件加工数据，或者为逆向工程提供工件原始信息。例如对汽车车身的测量、叶片、叶轮、凸轮的测量、齿轮的齿形、齿向测量等，这时就需要用三坐标测量机对被测工件表面进行数据点扫描，用大量的测量点对产品进行准确的定义，如图 5-54 所示。

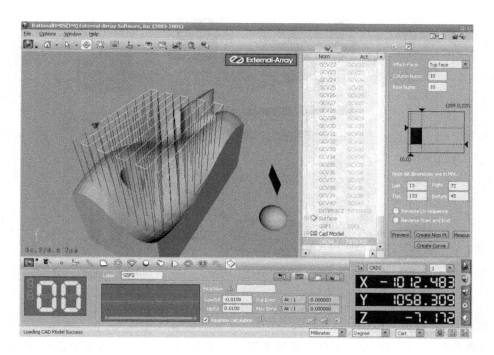

图 5-52　快速测量点

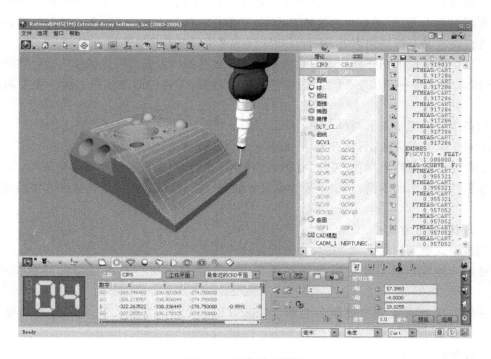

图 5-53　零件编程测量

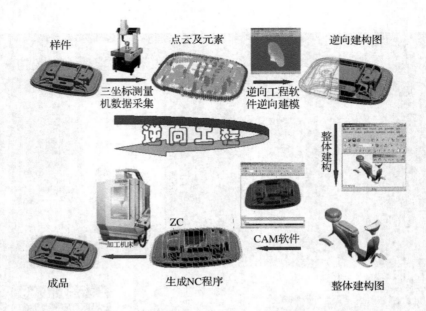

图 5-54　逆向工程流程图

（1）扫描的原理及应用

零件扫描，是指用测头在零件上通过不同的触测方式，采集零件表面数据信息，用于分析或 CAD 建模。

扫描技术主要依赖于三维扫描测头技术，因为三维测头可以通过三维传感器受测量过程中的瞬时受力方向，调整对测量机 X、Y、Z 三轴马达的速度的分配，使得测头的综合变形量始终保持在某一恒定值附近，从而自动跟踪零件轮廓度形状的变化。

三坐标测量机的扫描操作是应用测量软件在被测物体表面的特定区域内进行数据点采集，该区域可以是一条线、一个面片、零件的一个截面、零件的曲线或距边缘一定距离的周线等。

扫描主要应用于以下两种情况：

①对于未知零件数据：只有工件、无图纸、无 CAD 模型，应用于测绘。

②对于已知零件数据：有工件、有图纸或 CAD 模型，主要用于检测零件轮廓度。

根据扫描测头的不同，扫描可分为接触式触发扫描、接触式连续式扫描和非接触式激光扫描。

（2）扫描测量方式

①接触式触发扫描

接触式触发扫描是指测头接触零件并以单点的形式进行获取数据的测量模式，如图 5-55 所示。

一般的接触式触发扫描测头包括 TESESTER-P、TP2、TP20、TP200，都是点触发式扫描。

②接触式连续扫描

接触式连续式扫描是指测头接触零件并沿着被测零件获取测量数据的测量模式，如图 5-56 所示。

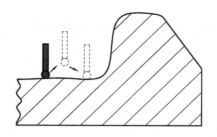

触发式扫描特点：点和点之间必需离开工件

图 5-55　接触式触发扫描示意图

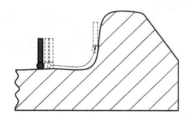
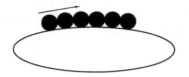

连续式扫描特点：测头连续在工件上滑过，
软件以一定的频率读取球心点

图 5-56　接触式连续扫描示意图

一般的接触式连续扫描测头包括 SP600、SP25、LSP-X3、LSP-X5 等。

如图 5-57，Rational-DMIS 软件所示，使用 SP25 连续接触式扫描测头检测叶轮零件的叶片曲线。

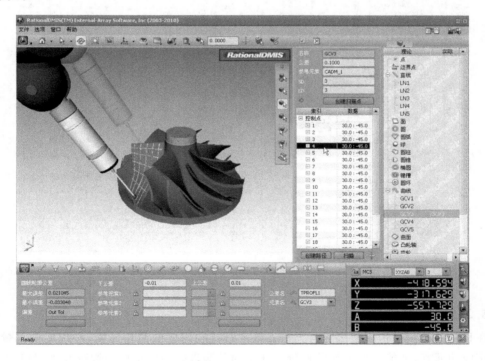

图 5-57　叶轮扫描测量

③非接触式激光扫描

非接触式激光扫描是指使用激光测头沿着零件表面获取数据的测量模式。非接触式激光扫描示意图如图 5-58 所示。

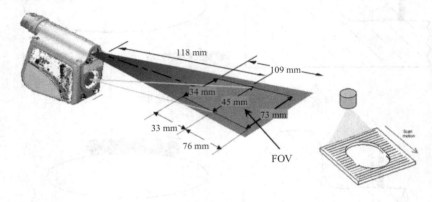

图 5-58　非接触式激光扫描示意图

连续扫描比触发式扫描速率要高,可以在短时间内可以获取大量的数据点,真实反映零件的实际形状,特别适合对复杂零件的测量。激光测头的扫描取样率高,在 50 次/秒到 23000 次/秒之间,适于表面形状复杂,精度要求不特别高的未知曲面。

如图 5-59 所示,Rational-DMIS 软件中,非接触式激光扫描测头检测面具外轮廓表面。

图 5-59　激光测头扫描测头

5.3.5　元素构造

在日常的检测过程中很多元素无法直接测量得到需要的测量元素,必须使用测量功能构造相应的元素,才能完成元素的评价。在不同的测量软件中实现的构造方法不同,下面详细介绍各种元素的构造方法。

(1)点元素构造。有多种方法用于构造各种有用的点,每种方法对于所利用的元素的类型及数目均有不同的要求。

(2)线元素构造。用一个或几个元素来构造一条直线

(3)面元素构造。用两个或两个以上元素来构造一个平面

(4)圆元素构造。用一个或一个以上元素来构造一个圆

(5)调整过滤构造。利用已经存在的点,并使用特征已知的数学属性,可以更好地补充在测量过程中收集的点,调整点更多的位于切平面之中。

(6)扫描元素构造。用一个高斯滤波器和傅立叶分析/合成法对扫描线的滤波来构造新的元素。

5.3.6 测量评价及报告生成

1. 测量评价

几何零件的制造过程中需要不断对零件进行过程检测和最终检测来保证产品的加工质量,测量参数按照产品设计时提供的质量控制参数及指标来判断合格与否。三坐标检测,在完成数据采集后,再对所得数据进行处理,如:误差评价、测量报告输出及测量数据的统计分析,从而判定产品是否合格。

一般的三坐标测量机的误差检测项目包括:尺寸误差、形状误差、位置误差等。PC-DIMS 软件使用为例,说明测量误差评价的操作方法。

(1)尺寸误差评价

尺寸误差是对于零件特征之间的长、宽、高、夹角、直径、半径等类型尺寸测量评价,可以通过尺寸误差评价输出测量和计算结果,并生成测量报告。

(2)形状误差评价

形状公差评定的是几何特征实际形状与理论形状之间的误差,与被评定特征的大小和位置无关。例如在评定圆的圆度时,被评定圆的圆度值与该圆的直径大小没有关系。因为是与特征自身的理论形状作比较,所以形状误差在评定时都不需要基准特征。它的评定方法有最小条件、最小二乘法等等。形状误差包括直线度、平面度、圆度、圆柱度、圆锥度、球度、线轮廓度、面轮廓度等等;通过对形状误差的控制保证加工零件的几何形状变形及误差在实际应用中工作正常和可靠。

①直线度。直线度是表示零件上的直线要素实际形状保持理想直线的状况。误差评价时,对于二维直线、三维直线特征,需要在直线上采集至少 3 个数据点才能评价直线度误差。

②平面度。平面度是表示零件的平面要素实际形状保持理想平面的状况。对于平面度的评价,需要在平面上至少测得 4 个数据点,才能进行零件平面度评价。测量时,为了保证测量和评价的准确性,测量时需要在平面的各个区域均匀采点,从而保证平面度评价的准确性。

③圆度。圆度是表示零件上圆要素的实际形状与其中心保持等距的状况。对于圆度的评价,需要在截面圆上至少测量 4 个数据点,才可以进行评价。测量时,为了保证测量和评价的准确性,需要在截面圆的各个区域均匀采点,从而保证圆度评价的准确性。

④圆柱度。圆柱度是表示零件上圆柱面外形轮廓上的各点对其轴线保持等距的状况。对于圆柱度评价,需要在圆柱两个截面上每层至少测量 3 个数据点,才可以进行评价。为了保证测量和评价的准确性,需要在圆柱的各截面圆的各个区域均匀采点,从而保证圆柱度评

价的准确性。

⑤球度。球度是表示零件上球面外形轮廓上的各点对其球心保持等距的状况。对于球度评价，需要在球面上两个截面上每层至少测量3个数据点，才可以进行评价。为了保证测量和评价的准确性，需要在球的各截面圆的各个区域均匀采点，从而保证球度评价的准确性。

⑥圆锥度。圆锥度是指圆锥的底面直径与锥体高度之比，如果是圆台，则为上、下两底圆的直径差与锥台高度之比值。对于圆锥度评价，需要在圆锥表面至少两个截面上每层至少测量3点，才可以进行评价。为了保证测量和评价的准确性，需要在圆锥的各截面圆的各个区域均匀采点，从而保证球度评价的准确性。

⑦轮廓度。轮廓度是指被测实际轮廓相对于理想轮廓的变动情况，用于描述曲面尺寸的准确度。对于轮廓度评价，需要有理论数据（即CAD模型），并且在零件表面相应的位置测量点特征，才可以进行评价。

（3）位置误差评价

位置误差的评价是用于检查和衡量集合零件的实际位置和理论位置之间的加工偏差。常用的位置误差评价包括：平行度、垂直度、倾斜度、同心度、同轴度、位置度、跳动、对称度等。

几何制造产品的位置误差合理控制可以在保证安全使用的同时，又最大限度放宽产品的合格范围。一方面为企业降低成本，充分利用所加工的产品，同时又保证了装配和使用的可靠性和寿命。

2. 检测报告

依据项目检测流程，完成测量数据处理、评价后，最后就是通过报告输出呈现检测结果。

如图5-60所示，是Rational-DMIS软件中图文形式的报告输出操作，只需采用拖拽方法，将评价处理完的数据拖拉到报告区域内，即可生成报告。

报告输出的形式很多，包括：文本报告、图片报告、图文报告。

图片报告将测量图形或CAD模型与相应的测量尺寸同时显示，这样可以直观地看到测量特征在零件上的位置和测量结果，如图5-61。

文本报告是最常用的测量报告格式。在文本报告中显示的项目比较完整，报告内容排列整齐，易于理解（图5-62）。

【任务实践】

一、冲孔落料凹模三坐标检测

（1）实践内容

如图5-63所示，为冲孔落料凹模零件。长度尺寸[120]_(−0.14)^0，宽度尺寸[60]_(−0.046)^0，高度尺寸[30]_0^(+0.084)，中心距尺寸43.32±0.035，直径34、[29.75]_0^(+0.021)、14、[10.41]_0^(+0.018)，顶面对底面平行度0.01。根据零件图样技术要求，合理选择测量。

（2）实践步骤

①同任务2的测量步骤①—⑧。

②根据测量面方位旋转测座方向，选择工作平面。

③采集测量元素，点为1点，线为2点，平面为3点，圆直径内采集3点，给定的测点数

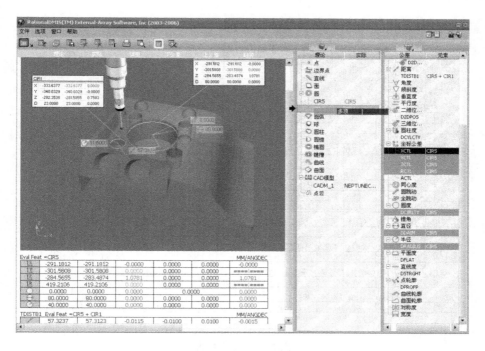

图 5-60　评价结果图文报告输出

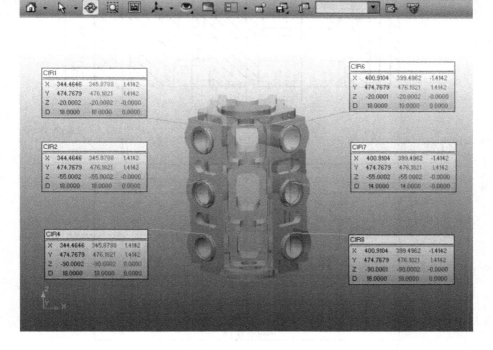

图 5-61　图形报告

检查报告

公司: 爱科腾瑞科技(北京)有限公司-090113-DEMO-E110(博洋)
操作员:
日期: 2013年4月18日
时间: 下午 03:10:19

	理论	实际	误差	上公差	下公差	趋势
CIR1	[DEMO Version]				MCS/MM/ANGDEC/CART/XYPLAN	
X	344.4646	345.8788	1.4142	0.0000	0.0000	1.4142
Y	474.7679	476.1821	1.4142	0.0000	0.0000	1.4142
Z	-20.0002	-20.0002	-0.0000	0.0000	0.0000	-0.0000
D	18.0000	18.0000	0.0000	0.0430	0.0160	-0.0160
CIR2	[DEMO Version]				MCS/MM/ANGDEC/CART/XYPLAN	
X	344.4646	345.8788	1.4142	0.0000	0.0000	1.4142
Y	474.7679	476.1821	1.4142	0.0000	0.0000	1.4142
Z	-55.0002	-55.0002	-0.0000	0.0000	0.0000	-0.0000
D	18.0000	18.0000	0.0000	0.0430	0.0160	-0.0160
TDISTB1	[DEMO Version] 计算元素 = CIR1 + CIR2				MCS/MM/ANGDEC	
	35.0000	35.0000	-0.0000	0.0000	0.0000	-0.0000
TCONCEN1	[DEMO Version] 计算元素 = CIR2				MCS/MM/ANGDEC	
◎	0.0000	0.0000	0.0000	0.0000		0.0000
TANGLB1	[DEMO Version] 计算元素 = PLN1 + PLN2				MCS/MM/ANGDEC	
∇	90.0000	90.0000	0.0000	0.0000	0.0000	▬▬▬▏▬▬▬
TRAD1	[DEMO Version] 计算元素 = CIR4				MCS/MM/ANGDEC	
	9.0000	9.0000	0.0000	0.0000	0.0000	0.0000

图 5-62　文字报告

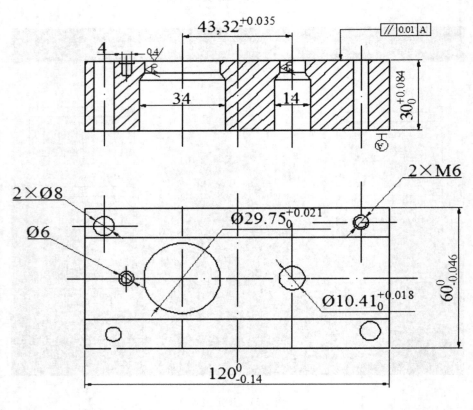

图 5-63　冲孔落料凹模零件

都为最少测点数。

④测量元素组合成所需的测量条件。距离评定元素为点到点、线到点、线到线、点到平面、线到平面、平面到平面。

⑤根据测量要求选择"距离"按钮，得出测量尺寸或评定要求。

⑥根据测量要求选择"圆"按钮，得出测量尺寸或评定要求。

⑦根据测量要求选择"平行度"按钮，将底平面作为评价基准，得出平行度测量结果。

⑧测量中心距时，先分别测量评定中心距的两圆，分别组成圆，再按"距离"按钮，得出测量尺寸或评定要求。

⑨查看、处理、打印测量报告。

⑩测量完毕后，将测座移动到安全平面，将被测零件取出，清洗工作台面，关闭测量软件，按下急停开关，关闭电源。

（3）检测报告

检测报告如表 5-3。

表 5-3　落料凹模三坐标检测报告

零件名称			学号		成绩		
测量内容	验收尺寸	选用量具		测量数据		合格性判断	
		名称	型号				
43.32±0.035							
平行度 0.01							
合格性结论			理由				
检测员			日期		审阅		

附　录

国家标准选摘

附表 A-1　参考的部分国家标准

GB/T 321-2005	优先数和优先数系
GBT 6093-2001	几何量技术规范(GPS)长度标准量块
JJG 146-2003	量块检定规程
GB/Z 20308-2006	产品几何技术规范(GPS)总体规划
GB/T 18780-2002	产品几何技术规范(GPS)几何要素
GB/T 13319-2003	产品几何量技术规范(GPS)几何公差位置度公差注法
GB/T 1958-2004	产品几何量技术规范(GPS)形状和位置公差检测规定
GBT 4249-2009	产品几何技术规范(GPS)公差原则
GBT 1800.1-2009	产品几何技术规范(GPS)极限与配合第 1 部分:公差、偏差和配合的基础
GB/T 11336-2004	直线度误差检测
GB/T 11337-2004	平面度误差检测
GB/T 4380-2004	圆度误差的评定两点、三点法
GB/T 1184-1996	形状和位置公差未注公差值
GBT 1182-2008	产品几何技术规范(GPS)几何公差形状、方向、位置和跳动公差标注
GBT 16671-2009	产品几何技术规范(GPS)几何公差最大实体要求、最小实体要求和可逆要求
GB/T 3505-2009	产品几何技术规范(GPS) 表面结构 轮廓法 表面结构的术语、定义及参数
GB/T 1031-2009	产品几何技术规范 表面结构 轮廓法 表面粗糙度参数及其数值
GB/T 131-2006	产品几何技术规范 技术产品文件中表面结构的表示法
GB/T 7220-2004	表面粗糙度 术语 参数测量
GBT 21388-2008	游标、数显、带表深度卡尺
GBT 21389-2008	游标、数显、带表卡尺
GB/T 1216-2004	外径千分尺
GB/T 20919-2007	电子数显外径千分尺
GBT 1219-2008	指示表
GB/T 16455-2008	条式和框式水平仪
GB/T 1957-2006	光滑极限量规技术条件
ISO 10360-1-2000	三坐标测量标准(中文版)

附表 A-2　各级量块的精度指标(摘自 JJG146-2003)

标称长度 l_n/mm	K 级		0 级		1 级		2 级		3 级	
	$\pm t_e$	t_v	$\pm t_e$	t_v	$\pm t_e$	t_v	$\pm t_e$	t_v	$\pm t_e$	t_v
	最大允许值/μm									
$l_n \leqslant 10$	0.20	0.05	0.12	0.10	0.20	0.16	0.45	0.30	1.0	0.5
$10 < l_n \leqslant 25$	0.30	0.05	0.14	0.10	0.30	0.16	0.60	0.30	1.2	0.5
$25 < l_n \leqslant 50$	0.40	0.06	0.20	0.10	0.40	0.18	0.80	0.30	1.6	0.55
$50 < l_n \leqslant 75$	0.50	0.06	0.25	0.12	0.50	0.18	1.00	0.35	2.0	0.55
$75 < l_n \leqslant 100$	0.60	0.07	0.30	0.12	0.60	0.20	1.20	0.35	2.0	0.55
$100 < l_n \leqslant 150$	0.80	0.08	0.40	0.14	0.80	0.20	1.6	0.40	3.0	0.65
$150 < l_n \leqslant 200$	1.00	0.09	0.50	0.16	1.00	0.25	2.0	0.40	4.0	0.70
$200 < l_n \leqslant 250$	1.20	0.10	0.60	0.16	1.20	0.25	2.4	0.45	5.0	0.75
$250 < l_n \leqslant 300$	1.40	0.10	0.70	0.18	1.40	0.25	2.8	0.50	6.0	0.80
$300 < l_n \leqslant 400$	1.80	0.12	0.90	0.20	1.80	0.30	3.6	0.50	7.0	0.90
$400 < l_n \leqslant 500$	2.20	0.14	1.10	0.25	2.20	0.35	4.4	0.60	9.0	1.00
$500 < l_n \leqslant 600$	2.60	0.16	1.30	0.25	2.6	0.40	5.0	0.70	11.0	1.10
$600 < l_n \leqslant 700$	3.00	0.18	1.50	0.30	3.0	0.45	6.0	0.70	11.0	1.10
$700 < l_n \leqslant 800$	3.40	0.20	1.70	0.30	3.4	0.50	6.5	0.80	14.0	1.30
$800 < l_n \leqslant 900$	3.80	0.20	1.90	0.35	3.8	0.50	7.5	0.90	15.0	1.40
$900 < l_n \leqslant 1000$	4.20	0.25	2.00	0.40	4.2	0.60	8.0	1.00	17.0	1.50

注:距离测量面边缘 0.8mm 范围内不计。

附表 A-3　各等量块的精度指标(摘自 JJG146-2003)

标称长度 l_n/mm	1 等		2 等		3 等		4 等		5 等	
	测量不确定度	长度变动量	测量不确定度	长度变动量	测量不确定度	长度变动量	测量不确定度	长度变动量	测量不确定度	长度变动量
	最大允许值/μm									
$l_n \leqslant 10$	0.022	0.05	0.06	0.10	0.11	0.16	0.22	0.30	0.6	0.50
$10 < l_n \leqslant 25$	0.025	0.05	0.07	0.10	0.12	0.16	0.25	0.30	0.6	0.50
$25 < l_n \leqslant 50$	0.030	0.06	0.08	0.10	0.15	0.18	0.30	0.30	0.8	0.55
$50 < l_n \leqslant 75$	0.035	0.06	0.09	0.12	0.18	0.18	0.35	0.35	0.9	0.55
$75 < l_n \leqslant 100$	0.040	0.07	0.10	0.12	0.20	0.20	0.40	0.35	1.0	0.60
$100 < l_n \leqslant 150$	0.05	0.08	0.12	0.14	0.25	0.20	0.5	0.40	1.2	0.65
$150 < l_n \leqslant 200$	0.06	0.09	0.15	0.16	0.30	0.25	0.6	0.40	1.5	0.70
$200 < l_n \leqslant 250$	0.07	0.10	0.18	0.16	0.35	0.25	0.7	0.45	1.8	0.75
$250 < l_n \leqslant 300$	0.08	0.10	0.20	0.18	0.40	0.25	0.8	0.50	2.0	0.80
$300 < l_n \leqslant 400$	0.10	0.12	0.25	0.20	0.50	0.30	1.0	0.50	2.5	0.90
$400 < l_n \leqslant 500$	0.12	0.14	0.30	0.25	0.60	0.35	1.2	0.60	3.0	1.00
$500 < l_n \leqslant 600$	0.14	0.16	0.35	0.25	0.7	0.40	1.4	0.70	3.5	1.10
$600 < l_n \leqslant 700$	0.16	0.18	0.40	0.30	0.8	0.45	1.6	0.70	4.0	1.20
$700 < l_n \leqslant 800$	0.18	0.20	0.45	0.30	0.9	0.50	1.8	0.80	4.5	1.30
$800 < l_n \leqslant 900$	0.20	0.20	0.50	0.35	1.0	0.50	2.0	0.90	5.0	1.40
$900 < l_n \leqslant 1000$	0.22	0.25	0.55	0.40	1.1	0.60	2.2	1.00	5.5	1.50

注:1. 距离测量面边缘 0.8mm 范围内不计。

　　2. 表内测量不确定度置信概率为 0.99。

附表 A-4　直线度和平面度的未注公差值(摘自 GB/T 1184-1996)　　　mm

公差等级	基本长度范围					
	≤10	>10～30	>30～100	>100～300	>300～1000	>1000～3000
H	0.02	0.05	0.1	0.2	0.3	0.4
K	0.05	0.1	0.2	0.4	0.6	0.8
L	0.1	0.2	0.4	0.8	1.2	1.6

附表 A-5　垂直度未注公差值(摘自 GB/T 1184-1996)　　　mm

公差等级	基本长度范围			
	≤100	>100～300	>300～1 000	>1 000～3 000
H	0.2	0.3	0.4	0.5
K	0.4	0.6	0.8	1
L	0.6	1	1.5	2

附表 A-6　对称度未注公差值(摘自 GB/T 1184-1996)　　　mm

公差等级	基本长度范围			
	≤100	>100～300	>300～1 000	>1 000～3 000
H	0.5			
K	0.6		0.8	1
L	0.6	1	1.5	2

附表 A-7　圆跳动的未注公差值(摘自 GB/T 1184-1996)　　　mm

公差等级	圆跳动公差值
H	0.1
K	0.2
L	0.5

附表 A-8　直线度、平面度(摘自 GB/T 1184-1996)

主参数 L/mm	公差等级											
	1	2	3	4	5	6	7	8	9	10	11	12
	公差值,μm											
≤10	0.2	0.4	0.8	1.2	2	3	5	8	12	20	30	60
>10～16	0.25	0.5	1	1.5	2.5	4	6	10	15	25	40	80
>16～25	0.3	0.6	1.2	2	3	5	8	12	20	30	50	100
>25～40	0.4	0.8	1.5	2.5	4	6	10	15	25	40	60	120
>40～63	0.5	1	2	3	5	8	12	20	30	50	80	150
>63～100	0.6	1.2	2.5	4	6	10	15	25	40	60	100	200
>100～160	0.8	1.5	3	5	8	12	20	30	50	80	120	250
>160～250	1	2	4	6	10	15	25	40	60	100	150	300
>250～400	1.2	2.5	5	8	12	20	30	50	80	120	200	400
>400～630	1.5	3	6	10	15	25	40	60	100	150	250	500
>630～1000	2	4	8	12	20	30	50	80	120	200	300	600
>1000～1600	2.5	5	10	15	25	40	60	100	150	250	400	800
>1600～2500	3	6	12	20	30	50	80	120	200	300	500	1000
>2500～4000	4	8	15	25	40	60	100	150	250	400	600	1200
>4000～6300	5	10	20	30	50	80	120	200	300	500	800	1500
>6300～10000	6	12	25	40	60	100	150	250	400	600	1000	2000

附表 A-9　圆度、圆柱度(摘自 GB/T 1184-1996)

主参数 d(D) mm	公差等级												
	0	1	2	3	4	5	6	7	8	9	10	11	12
	公差值,μm												
≤3	0.1	0.2	0.3	0.5	0.8	1.2	2	3	4	6	10	14	25
>3～6	0.1	0.2	0.4	0.6	1	1.5	2.5	4	5	8	12	18	30
>6～10	0.12	0.25	0.4	0.6	1	1.5	2.5	4	6	9	15	22	36
>10～18	0.15	0.25	0.5	0.8	1.2	2	3	5	8	11	18	27	43
>18～30	0.2	0.3	0.6	1	1.5	2.5	4	6	9	13	21	33	52
>30～50	0.25	0.4	0.6	1	1.5	2.5	4	7	11	16	25	39	62
>50～80	0.3	0.5	0.8	1.2	2	3	5	8	13	19	30	46	74
>80～120	0.4	0.6	1	1.5	2.5	4	6	10	15	22	35	54	87
>120～180	0.6	1	1.2	2	3.5	5	8	12	18	25	40	63	100
>180～250	0.8	1.2	2	3	4.5	7	10	14	20	29	46	72	115
>250～315	1.0	1.6	2.5	4	6	8	12	16	23	32	52	81	130
>315～400	1.2	2	3	5	7	9	13	18	25	36	57	89	140
>400～500	1.5	2.5	4	6	8	10	15	20	27	40	63	97	155

附表 A-10　平行度、垂直度、倾斜度(摘自 GB/T 1184-1996)

主参数 L,d(D) mm	公差等级											
	1	2	3	4	5	6	7	8	9	10	11	12
	公差值,μm											
≤10	0.4	0.8	1.5	3	5	8	12	20	30	50	80	120
>10～16	0.5	1	2	4	6	10	15	25	40	60	100	150
>16～25	0.6	1.2	2.5	5	8	12	20	30	50	80	120	200
>25～40	0.8	1.5	3	6	10	15	25	40	60	100	150	250
>40～63	1	2	4	8	12	20	30	50	80	120	200	300
>63～100	1.2	2.5	5	10	15	25	40	60	100	150	250	400
>100～160	1.5	3	6	12	20	30	50	80	120	200	300	500
>160～250	2	4	8	15	25	40	60	100	150	250	400	600
>250～400	2.5	5	10	20	30	50	80	120	200	300	500	800
>400～630	3	6	12	25	40	60	100	150	250	400	600	1000
>630～1000	4	8	15	30	50	80	120	200	300	500	800	1200
>1000～1600	5	10	20	40	60	100	150	250	400	600	1000	1500
>1600～2500	6	12	25	50	80	120	200	300	500	800	1200	2000
>2500～4000	8	15	30	60	100	150	250	400	600	1000	1500	2500
>4000～6300	10	20	40	80	120	200	300	500	800	1200	2000	3000
>6300～10000	12	25	50	100	150	250	400	600	1000	1500	2500	4000

附表 A-11　同轴度、对称度、圆跳动和全跳动(摘自 GB/T 1184-1996)

主参数 d(D),B,L mm	公差等级											
	1	2	3	4	5	6	7	8	9	10	11	12
	公差值,μm											
≤1	0.4	0.6	1.0	1.5	2.5	4	6	10	15	25	40	60
>1~3	0.4	0.6	1.0	1.5	2.5	4	6	10	20	40	60	120
>3~6	0.5	0.8	1.2	2	3	5	8	12	25	50	80	150
>6~10	0.6	1	1.5	2.5	4	6	10	15	30	60	100	200
>10~18	0.8	1.2	2	3	5	8	12	20	40	80	120	250
>18~30	1	1.5	2.5	4	6	10	15	25	50	100	150	300
>30~50	1.2	2	3	5	8	12	20	30	60	120	200	400
>50~120	1.5	2.5	4	6	10	15	25	40	80	150	250	500
>120~250	2	3	5	8	12	20	30	50	100	200	300	600
>250~500	2.5	4	6	10	15	25	40	60	120	250	400	800
>500~800	3	5	8	12	20	30	50	80	150	300	500	1000
>800~1250	4	6	10	15	25	40	60	100	200	400	600	1200
>1250~2000	5	8	12	20	30	50	80	120	250	500	800	1500
>2000~3150	6	10	15	25	40	60	100	150	300	600	1000	2000
>3150~5000	8	12	20	30	50	80	120	200	400	800	1200	2500
>5000~8000	10	15	25	40	60	100	150	250	500	1000	1500	3000
>8000~10000	12	20	30	50	80	120	200	300	600	1200	2000	4000

附表 A-12　Rα 参数值与取样长度 lr 值的对应关系(摘自 GB/T 1031-2009)

Rα/μm	lr/mm	l_n/mm ($l_n = 5 \times$ lr)
≥0.008~0.02	0.08	0.4
>0.02~0.1	0.26	1.25
>0.1~2.0	0.8	4.0
>2.0~10.0	2.5	12.5
>10.0~80.0	8.0	40.0

附表 A-13　Rz 参数值与取样长度 lr 值的对应关系(摘自 GB/T 1031-2009)

Rz/μm	lr/mm	l_n/mm ($l_n = 5 \times$ lr)
≥0.025~0.10	0.08	0.4
>0.10~0.50	0.25	1.25
>0.50~10.0	0.8	4.0
>10.0~50.0	2.5	12.5
>50~320	8.0	40.0

附表 A-14　公称尺寸至3150mm的标准公差数值(摘自 GB/T 1800.1-2009)

公称尺寸/mm		标准公差等级																	
大于	至	IT1	IT2	IT3	IT4	IT5	IT6	IT7	IT8	IT9	IT10	IT11	IT12	IT13	IT14	IT15	IT16	IT17	IT18
		μm											mm						
—	3	0.8	1.2	2	3	4	6	10	14	25	40	60	0.1	0.14	0.25	0.4	0.6	1	1.4
3	6	1	1.5	2.5	4	5	8	12	18	30	48	75	0.12	0.18	0.3	0.48	0.75	1.2	1.8
6	10	1	1.5	2.5	4	6	9	15	22	36	58	90	0.15	0.22	0.36	0.58	0.9	1.5	2.2
10	18	1.2	2	3	5	8	11	18	27	43	70	110	0.18	0.27	0.43	0.7	1.1	1.8	2.7
18	30	1.5	2.5	4	6	9	13	21	33	52	84	130	0.21	0.33	0.52	0.84	1.3	2.1	3.3
30	50	1.5	2.5	4	7	11	16	25	39	62	100	160	0.25	0.39	0.62	1	1.6	2.5	3.9
50	80	2	3	5	8	13	19	30	46	74	120	190	0.3	0.46	0.74	1.2	1.9	3	4.6
80	120	2.5	4	6	10	15	22	35	54	87	140	220	0.35	0.54	0.87	1.4	2.2	3.5	5.4
120	180	3.5	5	8	12	18	25	40	63	100	160	250	0.4	0.63	1	1.6	2.5	4	6.3
180	250	4.5	7	10	14	20	29	46	72	115	185	290	0.46	0.72	1.15	1.85	2.9	4.6	7.2
250	315	6	8	12	16	23	32	52	81	130	210	320	0.52	0.81	1.3	2.1	3.2	5.2	8.1
315	400	7	9	13	18	25	36	57	89	140	230	360	0.57	0.89	1.4	2.3	3.6	5.7	8.9
400	500	8	10	15	20	27	40	63	97	155	250	400	0.63	0.97	1.55	2.5	4	6.3	9.7
500	630	9	11	16	22	32	44	70	110	175	280	440	0.7	1.1	1.75	2.8	4.4	7	11
630	800	10	13	18	25	36	50	80	125	200	320	500	0.8	1.25	2	3.2	5	8	12.5
800	1000	11	15	21	28	40	56	90	140	230	360	560	0.9	1.4	2.3	3.6	5.6	9	14
1000	1250	13	18	24	33	47	66	105	165	260	420	660	1.05	1.65	2.6	4.2	6.6	1.5	16.5
1250	1600	15	21	29	39	55	78	125	195	310	500	780	1.25	1.95	3.1	5	7.8	12.5	19.5
1600	2000	18	25	35	46	65	92	150	230	370	600	920	1.5	2.3	3.7	6	9.2	15	23
2000	2500	22	30	41	55	78	110	175	280	440	700	1100	1.75	2.8	4.4	7	11	17.5	28
2500	3150	26	36	50	68	96	135	210	330	540	860	1350	2.1	3.3	5.4	8.6	13.5	21	33

注:公称尺寸大于 500mm 的 IT1～IT5 的标准公差数值为试行的。

公称尺寸小于或等于 1mm 时,无 IT14～IT18。

附表A-15 轴的基本偏差数值（摘自GB/T1800.1—2009） 单位为微米（μm）

基本尺寸/mm		基本偏差数值（上极限偏差 es）											
		所有标准公差等级											
大于	至	a	b	c	cd	d	e	ef	f	fg	g	h	ja
—	3	−270	−140	−60	−34	−20	−14	−10	−6	−4	−2	0	偏差=±$\frac{IT_n}{2}$，其中 IT_n 是 IT 值数
3	6	−270	−140	−70	−46	−30	−20	−14	−10	−6	−4	0	
6	10	−280	−150	−80	−56	−40	−25	−18	−13	−8	−5	0	
10	14	−290	−150	−90		−50	−32		−16		−6	0	
14	18												
18	24	−300	−160	−110		−65	−40		−20		−7	0	
24	30												
30	40	−310	−170	−120		−80	−50		−25		−9	0	
40	50	−320	−180	−130									
50	65	−340	−190	−140		−100	−60		−30		−10	0	
65	80	−360	−200	−150									
80	100	−380	−220	−170		−120	−72		−36		−12	0	
100	120	−410	−240	−180									
120	140	−460	−260	−200		−145	−85		−43		−14	0	
140	160	−520	−280	−210									
160	180	−580	−310	−230									
180	200	−660	−340	−240		−170	−100		−50		−15	0	
200	225	−740	−380	−260									
225	250	−820	−420	−280									
250	280	−920	−480	−300		−190	−110		−56		−17	0	
280	315	−1050	−540	−330									
315	355	−1200	−600	−360		−210	−125		−62		−18	0	
355	400	−1350	−680	−400									
400	450	−1500	−760	−440		−230	−135		−68		−20	0	
450	500	−1650	−840	−480									
500	560					−260	−145		−76		−22	0	
560	630												
630	710					−290	−160		−80		−24	0	
710	800												
800	900					−320	−170		−86		−26	0	
900	1000												
1000	1120					−350	−195		−98		−28	0	
1120	1250												
1250	1400					−390	−220		−110		−30	0	
1400	1600												
1600	1800					−430	−240		−120		−32	0	
1800	2000												
2000	2240					−480	−260		−130		−34	0	
2240	2500												
2500	2800					−520	−290		−145		−38	0	
2800	3150												

续附表A-15

基本尺寸/mm		基本偏差数值（下极限偏差 ei） 所有标准公差等级																		
		j			k		m	n	p	r	s	t	u	v	x	y	z	za	zb	zc
大于	至	IT5和IT6	IT7	IT8	IT4~IT7	≤IT3>IT7														
—	3	−2	−4	−6	0	0	+2	+4	+6	+10	+14		+18		+20		+26	+32	+40	+60
3	6	−2	−4		+1	0	+4	+8	+12	+15	+19		+23		+28		+35	+42	+50	+80
6	10	−2	−5		+1	0	+6	+10	+15	+19	+23		+28		+34		+42	+52	+67	+97
10	14	−3	−6		+1	0	+7	+12	+18	+23	+28		+33		+40		+50	+64	+90	+130
14	18	−3	−6		+1	0	+7	+12	+18	+23	+28		+33	+39	+45		+60	+77	+108	+150
18	24	−4	−8		+2	0	+8	+15	+22	+28	+35		+41	+47	+54	+63	+73	+98	+136	+188
24	30	−4	−8		+2	0	+8	+15	+22	+28	+35	+41	+48	+55	+64	+75	+88	+118	+160	+218
30	40	−5	−10		+2	0	+9	+17	+26	+34	+43	+48	+60	+68	+80	+94	+112	+148	+200	+274
40	50	−5	−10		+2	0	+9	+17	+26	+34	+43	+54	+70	+81	+97	+114	+136	+180	+242	+325
50	65	−7	−12		+2	0	+11	+20	+32	+41	+53	+66	+87	+102	+122	+144	+172	+226	+300	+405
65	80	−7	−12		+2	0	+11	+20	+32	+43	+59	+75	+102	+120	+146	+174	+210	+274	+360	+480
80	100	−9	−15		+3	0	+13	+23	+37	+51	+71	+91	+124	+146	+178	+214	+258	+335	+445	+585
100	120	−9	−15		+3	0	+13	+23	+37	+54	+79	+104	+144	+172	+210	+254	+310	+400	+525	+690
120	140	−11	−18		+3	0	+15	+27	+43	+63	+92	+122	+170	+202	+248	+300	+365	+470	+620	+800
140	160	−11	−18		+3	0	+15	+27	+43	+65	+100	+134	+190	+228	+280	+340	+415	+535	+700	+900
160	180	−11	−18		+3	0	+15	+27	+43	+68	+108	+146	+210	+252	+310	+380	+465	+600	+780	+1000
180	200	−13	−21		+4	0	+17	+31	+50	+77	+122	+166	+236	+284	+350	+425	+520	+670	+880	+1150
200	225	−13	−21		+4	0	+17	+31	+50	+80	+130	+180	+258	+310	+385	+470	+575	+740	+960	+1250
225	250	−13	−21		+4	0	+17	+31	+50	+84	+140	+196	+284	+340	+425	+520	+640	+820	+1050	+1350
250	280	−16	−26		+4	0	+20	+34	+56	+94	+158	+218	+315	+385	+475	+580	+710	+920	+1200	+1550
280	315	−16	−26		+4	0	+20	+34	+56	+98	+170	+240	+350	+425	+525	+650	+790	+1000	+1300	+1700
315	355	−18	−28		+4	0	+21	+37	+62	+108	+190	+268	+390	+475	+590	+730	+900	+1150	+1500	+1900
355	400	−18	−28		+4	0	+21	+37	+62	+114	+208	+294	+435	+530	+660	+820	+1000	+1300	+1650	+2100
400	450	−20	−32		+5	0	+23	+40	+68	+126	+232	+330	+490	+590	+740	+920	+1100	+1450	+1850	+2400
450	500	−20	−32		+5	0	+23	+40	+68	+132	+252	+360	+540	+660	+820	+1000	+1250	+1600	+2100	+2600
500	560				0	0	+26	+44	+78	+150	+280	+400	+600							
560	630				0	0	+26	+44	+78	+155	+310	+450	+660							
630	710				0	0	+30	+50	+88	+175	+340	+500	+740							
710	800				0	0	+30	+50	+88	+185	+380	+560	+840							
800	900				0	0	+34	+56	+100	+210	+430	+620	+940							
900	1000				0	0	+34	+56	+100	+220	+470	+680	+1050							
1000	1120				0	0	+40	+66	+120	+250	+520	+780	+1150							
1120	1250				0	0	+40	+66	+120	+260	+580	+840	+1300							
1250	1400				0	0	+48	+78	+140	+300	+640	+960	+1450							
1400	1600				0	0	+48	+78	+140	+330	+720	+1050	+1600							
1600	1800				0	0	+58	+92	+170	+370	+820	+1200	+1850							
1800	2000				0	0	+58	+92	+170	+400	+920	+1350	+2000							
2000	2240				0	0	+68	+110	+195	+440	+1000	+1500	+2300							
2240	2500				0	0	+68	+110	+195	+460	+1100	+1650	+2500							
2500	2800				0	0	+76	+135	+240	+550	+1250	+1900	+2900							
2800	3150				0	0	+76	+135	+240	+580	+1400	+2100	+3200							

注：基本尺寸小于或等于 1mm 时，基本偏差 a 和 b 均不采用，公差带 js7~js11，若 IT_n 值数为奇数，则取偏差$=\pm\dfrac{IT_n-1}{2}$ 。

附表A-16　孔的基本偏差数值（摘自GB/T 1800.1—2009）　　单位为微米（μm）

基本尺寸/mm		基本偏差数值																			
		下极限偏差 EI（所有标准公差等级）												上极限偏差 ES							
大于	至	A	B	C	CD	D	E	EF	F	FG	G	H	JS	J IT6	J IT7	J IT8	K (≤IT8)	M (≤IT8)	M (>IT8)	N (≤IT8)	N (>IT8)	P至ZC
—	3	+270	+140	+60	+34	+20	+14	+10	+6	+4	+2	0	$\pm\frac{IT_n}{2}$	+2	+4	+6	0	−2	−2	−4	−4	
3	6	+270	+140	+70	+46	+30	+20	+14	+10	+6	+4	0		+5	+6	+10	−1+Δ	−4+Δ	−4	−8+Δ	0	
6	10	+280	+150	+80	+56	+40	+25	+18	+13	+8	+5	0		+5	+8	+12	−1+Δ	−6+Δ	−6	−10+Δ	0	
10	14	+290	+150	+95		+50	+32		+16		+6	0		+6	+10	+15	−1+Δ	−7+Δ	−7	−12+Δ	0	
14	18	+290	+150	+95		+50	+32		+16		+6	0		+6	+10	+15	−1+Δ	−7+Δ	−7	−12+Δ	0	
18	24	+300	+160	+110		+65	+40		+20		+7	0		+8	+12	+20	−2+Δ	−8+Δ	−8	−15+Δ	0	
24	30	+300	+160	+110		+65	+40		+20		+7	0		+8	+12	+20	−2+Δ	−8+Δ	−8	−15+Δ	0	
30	40	+310	+170	+120		+80	+50		+25		+9	0		+10	+14	+24	−2+Δ	−9+Δ	−9	−17+Δ	0	
40	50	+320	+180	+130		+80	+50		+25		+9	0		+10	+14	+24	−2+Δ	−9+Δ	−9	−17+Δ	0	
50	65	+340	+190	+140		+100	+60		+30		+10	0		+13	+18	+28	−2+Δ	−11+Δ	−11	−20+Δ	0	
65	80	+360	+200	+150		+100	+60		+30		+10	0		+13	+18	+28	−2+Δ	−11+Δ	−11	−20+Δ	0	
80	100	+380	+220	+170		+120	+72		+36		+12	0		+16	+22	+34	−3+Δ	−13+Δ	−13	−23+Δ	0	
100	120	+410	+240	+180		+120	+72		+36		+12	0		+16	+22	+34	−3+Δ	−13+Δ	−13	−23+Δ	0	
120	140	+460	+260	+200		+145	+85		+43		+14	0		+18	+26	+41	−3+Δ	−15+Δ	−15	−27+Δ	0	
140	160	+520	+280	+210		+145	+85		+43		+14	0		+18	+26	+41	−3+Δ	−15+Δ	−15	−27+Δ	0	
160	180	+580	+310	+230		+145	+85		+43		+14	0		+18	+26	+41	−3+Δ	−15+Δ	−15	−27+Δ	0	
180	200	+660	+340	+240		+170	+100		+50		+15	0		+22	+30	+47	−4+Δ	−17+Δ	−17	−31+Δ	0	
200	225	+740	+380	+260		+170	+100		+50		+15	0		+22	+30	+47	−4+Δ	−17+Δ	−17	−31+Δ	0	
225	250	+820	+420	+280		+170	+100		+50		+15	0		+22	+30	+47	−4+Δ	−17+Δ	−17	−31+Δ	0	
250	280	+920	+480	+300		+190	+110		+56		+17	0		+25	+36	+55	−4+Δ	−20+Δ	−20	−34+Δ	0	
280	315	+1050	+540	+330		+190	+110		+56		+17	0		+25	+36	+55	−4+Δ	−20+Δ	−20	−34+Δ	0	
315	355	+1200	+600	+360		+210	+125		+62		+18	0		+29	+39	+60	−4+Δ	−21+Δ	−21	−37+Δ	0	
355	400	+1350	+680	+400		+210	+125		+62		+18	0		+29	+39	+60	−4+Δ	−21+Δ	−21	−37+Δ	0	
400	450	+1500	+760	+440		+230	+135		+68		+20	0		+33	+43	+66	−5+Δ	−23+Δ	−23	−40+Δ	0	
450	500	+1650	+840	+480		+230	+135		+68		+20	0		+33	+43	+66	−5+Δ	−23+Δ	−23	−40+Δ	0	
500	560					+260	+145		+76		+22	0					0		−26		−44	
560	630					+260	+145		+76		+22	0					0		−26		−44	
630	710					+290	+160		+80		+24	0					0		−30		−50	
710	800					+290	+160		+80		+24	0					0		−30		−50	
800	900					+320	+170		+86		+26	0					0		−34		−56	
900	1000					+320	+170		+86		+26	0					0		−34		−56	
1000	1120					+350	+195		+98		+28	0					0		−40		−66	
1120	1250					+350	+195		+98		+28	0					0		−40		−66	
1250	1400					+390	+220		+110		+30	0					0		−48		−78	
1400	1600					+390	+220		+110		+30	0					0		−48		−78	
1600	1800					+430	+240		+120		+32	0					0		−58		−92	
1800	2000					+430	+240		+120		+32	0					0		−58		−92	
2000	2240					+480	+260		+130		+34	0					0		−68		−110	
2240	2500					+480	+260		+130		+34	0					0		−68		−110	
2500	2800					+520	+290		+145		+38	0					0		−76		−135	
2800	3150					+520	+290		+145		+38	0					0		−76		−135	

注：JS 偏差 = $\pm\frac{IT_n}{2}$，式中 IT_n 是 IT 值数。P至ZC：在大于IT7的相应数值上增加一个Δ值。

续附表A-16

基本尺寸/mm		基本偏差数值 上极限偏差 ES（标准公差等级大于IT7）												Δ值（标准公差等级）					
大于	至	P	R	S	T	U	V	X	Y	Z	ZA	ZB	ZC	IT3	IT4	IT5	IT6	IT7	IT8
—	3	-6	-10	-14		-18		-20		-26	-32	-40	-60	0	0	0	0	0	0
3	6	-12	-15	-19		-23		-28		-35	-42	-50	-80	1	1.5	1	3	4	6
6	10	-15	-19	-23		-28		-34		-42	-52	-67	-97	1	1.5	2	3	6	7
10	14	-18	-23	-28		-33		-40		-50	-64	-90	-130	1	2	3	3	7	9
14	18	-18	-23	-28		-33	-39	-45		-60	-77	-108	-150	1	2	3	3	7	9
18	24	-22	-28	-35		-41	-47	-54	-63	-73	-98	-136	-188	1.5	2	3	4	8	12
24	30	-22	-28	-35	-41	-48	-55	-64	-75	-88	-118	-160	-218	1.5	2	3	4	8	12
30	40	-26	-34	-43	-48	-60	-68	-80	-94	-112	-148	-200	-274	1.5	3	4	5	9	14
40	50	-26	-34	-43	-54	-70	-81	-97	-114	-136	-180	-242	-325	1.5	3	4	5	9	14
50	65	-32	-41	-53	-66	-87	-102	-122	-144	-172	-226	-300	-405	2	4	5	6	11	16
65	80	-32	-43	-59	-75	-102	-120	-146	-174	-210	-274	-360	-480	2	4	5	6	11	16
80	100	-37	-51	-71	-91	-124	-146	-178	-214	-258	-335	-445	-585	2	4	5	7	13	19
100	120	-37	-54	-79	-104	-144	-172	-210	-254	-310	-400	-525	-690	2	4	5	7	13	19
120	140	-43	-63	-92	-122	-170	-202	-248	-300	-365	-470	-620	-800	3	4	6	7	15	23
140	160	-43	-65	-100	-134	-190	-228	-280	-340	-415	-535	-700	-900	3	4	6	7	15	23
160	180	-43	-68	-108	-146	-210	-252	-310	-380	-465	-600	-780	-1000	3	4	6	7	15	23
180	200	-50	-77	-122	-166	-236	-284	-350	-425	-520	-670	-880	-1150	3	4	6	9	17	26
200	225	-50	-80	-130	-180	-258	-310	-385	-470	-575	-740	-960	-1250	3	4	6	9	17	26
225	250	-50	-84	-140	-196	-284	-340	-425	-520	-640	-820	-1050	-1350	3	4	6	9	17	26
250	280	-56	-94	-158	-218	-315	-385	-475	-580	-710	-920	-1200	-1550	4	4	7	9	20	29
280	315	-56	-98	-170	-240	-350	-425	-525	-650	-790	-1000	-1300	-1700	4	4	7	9	20	29
315	355	-62	-108	-190	-268	-390	-475	-590	-730	-900	-1150	-1500	-1900	4	5	7	11	21	32
355	400	-62	-114	-208	-294	-435	-530	-660	-820	-1000	-1300	-1650	-2100	4	5	7	11	21	32
400	450	-68	-126	-232	-330	-490	-595	-740	-920	-1100	-1450	-1850	-2400	5	5	7	13	23	34
450	500	-68	-132	-252	-360	-540	-660	-820	-1000	-1250	-1600	-2100	-2600	5	5	7	13	23	34
500	560	-78	-150	-280	-400	-600													
560	630	-78	-155	-310	-450	-660													
630	710	-88	-175	-340	-500	-740													
710	800	-88	-185	-380	-560	-840													
800	900	-100	-210	-430	-620	-940													
900	1000	-100	-220	-470	-680	-1050													
1000	1120	-120	-250	-520	-780	-1150													
1120	1250	-120	-260	-580	-840	-1300													
1250	1400	-140	-300	-640	-960	-1450													
1400	1600	-140	-330	-720	-1050	-1600													
1600	1800	-170	-370	-820	-1200	-1850													
1800	2000	-170	-400	-920	-1350	-2000													
2000	2240	-195	-440	-1000	-1500	-2300													
2240	2500	-195	-460	-1100	-1650	-2500													
2500	2800	-240	-550	-1250	-1900	-2900													
2800	3150	-240	-580	-1400	-2100	-3200													

注1：公称尺寸小于或等于1mm时，基本偏差A和B及大于IT8的N均不采用。公差带JS7至JS11，若IT$_n$值数是奇数，则取偏差$=\pm\dfrac{IT_{n-1}}{2}$。

注2：对小于或等于IT8的P至ZC的K、M、N和小于或等于IT7的P至ZC，所需Δ值从表内右侧选取。例如：18mm~30mm段的K7，Δ=8μm，所以ES=-2+8=+6μm；18mm~30mm段的S6，Δ=4μm，所以ES=-35+4=-31μm。特殊情况：250mm~315mm段的M6，ES=-9μm（代替-11μm）。

参考文献

[1] 卢志珍.互换性与测量技术.成都:电子科技大学出版社,2007.

[2] 张铁,李旻.互换性与测量技术.北京:清华大学出版社,2010.

[3] 徐茂功.公差配合与技术测量(第三版).北京:机械工业出版社,2009.

[4] 何贡.互换性与测量技术(第二版).北京:中国计量出版社,2005.

[5] 付风岚,胡业发,张新宝.公差与检测技术.北京:科学出版社,2006.

[6] 甘永立.几何量公差与检测(第八版).上海:上海科学技术出版社,2008.

[7] 黄镇昌.互换性与测量技术.广州:华南理工大学出版社,2003.

[8] 李军.互换性与测量技术.武汉:华中科技大学出版社,2007.

[9] (日)技能士の友编辑部,徐之梦,翁翎.测量技术.北京:机械工业出版社,2009.

[10] 孔庆华,母福生,刘传绍.极限配合与测量技术基础(第2版).上海:同济大学出版社,2008.

[11] 陈晓华.机械精度设计与检测.北京:中国计量出版社,2006.

[12] 庞学慧,武文革.互换性与测量技术基础.北京:电子工业出版社,2009.

[13] 王伯平.互换性与测量技术基础.北京:机械工业出版社,2009.

[14] 陈于萍.互换性与测量技术.北京:高等教育出版社,2005.

[15] 韩进宏.互换性与测量技术基础.北京:中国林业出版社,2006.

[16] 周湛学,赵小明,雒运强.图解机械零件精度测量及实例.北京:化学工业出版社,2009.

[17] 吴静.机械检测技术(中职数控).重庆:重庆大学出版社,2008.

[18] 张国雄.三坐标测量机.天津:天津大学出版社,1999.

[19] 李宪芝.机械精度设计与检测基础.北京:清华大学出版社,2010.

[20] 劳动和社会保障部教材办公室.公差配合与技术测量基础.2版.北京:中国劳动社会保障出版社,2000.

[21] 罗晓晖.机械检测技术与实训教程.杭州:浙江大学出版社,2013.

[22] 熊建武.模具零件的工艺设计与实施.北京:机械工业出版社,2009.

[23] 杨占尧.塑料模具标准件及设计应用手册.北京:化学工业出版社,2008.

[24] 李名望.冲压工艺与模具设计.2版.北京:人民邮电出版社,2009.

[25] 吕保和.模具识图.大连:大连理工大学出版社,2009.